简明物理化学及实验

主 编　宋　阳　唐柏彬
主 审　李　应

北京理工大学出版社
BEIJING INSTITUTE OF TECHNOLOGY PRESS

图书在版编目（CIP）数据

简明物理化学及实验／宋阳，唐柏彬主编．－－北京：
北京理工大学出版社，2025.1.
ISBN 978－7－5763－4632－9

Ⅰ．O64－33

中国国家版本馆 CIP 数据核字第 2025G7508M 号

责任编辑：江　立　　　　文案编辑：江　立
责任校对：周瑞红　　　　责任印制：施胜娟

出版发行／北京理工大学出版社有限责任公司

社　　　址／北京市丰台区四合庄路 6 号

邮　　　编／100070

电　　　话／（010）68914026（教材售后服务热线）
　　　　　　（010）63726648（课件资源服务热线）

网　　　址／http://www.bitpress.com.cn

版印次／2025 年 1 月第 1 版第 1 次印刷

印　　　刷／涿州市新华印刷有限公司

开　　　本／787 mm×1092 mm　1/16

印　　　张／12.75

字　　　数／290 千字

定　　　价／76.00 元

本书编写委员会

主　　编：宋　阳　唐柏彬

主　　审：李　应

副 主 编：陈素妮　赵洋洋　苏　平

参　　编：张俞浩　李　娇　杨义斌　陈洋溢

　　　　　董玉伟　杜　玺　苏　婷　蒋清梅

　　　　　郑香素　李存智

前　言

本教材贯彻落实《习近平新时代中国特色社会主义思想进课程教材指南》文件要求和党的二十大精神，旨在培养学生不仅掌握物理化学及实验的专业知识与技能，更能在学习过程中深刻领会新时代中国特色社会主义思想的内涵，增强对国家发展战略和科技创新重要性的认识。

物理化学是生物与化工大类、食品药品与粮食大类、轻工纺织大类等专业的基础课程，是培养具备创新精神和工匠精神的化学化工类人才所必需的专业课程。它是从化学现象与物理现象的联系入手，借助数学、物理学等基础科学的理论成就与实验技术，探索、归纳和研究化学的基本规律和理论，发现化学体系的性质和行为，建立化学体系中特殊规律的学科，是化工、轻工、食品、生物、医学、材料、能源、建筑等学科生产研究所必备的理论之一。

加快构建新发展格局，着力推动高质量发展，特别是以前沿技术催生新产业、新模式、新动能，发展新质生产力。物理化学主要从化学热力学、化学平衡、化学动力学、电化学四大模块，七大项目进行讲授，对物质及体系进行从宏观到微观、从体相到表相、从静态到动态、从定性到定量、从单一学科到边缘学科、从平衡态到非平衡态的研究。物理化学极大地扩充了化学研究的领域，是揭示化学变化过程的科学规律、构建化学学科体系的理论基础、培养学生科学思维的关键环节。通过学习物理化学，培养学生运用比较、分类、归纳、概括等方法获取信息并进行加工，并用物理化学思维进行分析、判断、推理的能力，为后续相关课程的学习奠定良好的基础。

《简明物理化学及实验》为新型数字化融媒体素养教学改革教材，依据化工、石油、生物、医药等岗位能力要求，对接教育部教学标准、职业标准、人才培养方案、课程标准，结合"1 + X"（化工 HAZOP 分析）技能等级证书考核要求，遵循由易到难的认知规律，体现"理实一体"高度融合的理念进行编写，充分考虑高职高专学生的知识结构和认知特点，在确保科学性和先进性的同时，把重点放在基本概念和重要结论的讨论与应用上，同时在每一项目中融入实验任务，加强学生对物理化学知识的应用意识、兴趣及能力的培养。本教材深入研究育人目标，挖掘凝练课程中蕴含的思想价值和精神内涵，构建"四纵四横"架构下"五元五联"素养教学体系，校企深挖素养拓展元素有机融入教材，实现素养主线贯穿始终。本教材含有颗粒化视频讲解二维码，每学期配备智慧职教 MOOC 在线课程，具有科学性、专业性、实用性，突出"学中做，做中学"的职业教育理念，是一本科学严谨、深入浅出、图文并茂、形式多样的教材。高举中国特色社会主义伟大旗帜，全面贯彻习近平新时代中国特色社会主义思想，自信自强、守正创新、踔厉奋发、勇毅前行，把爱国、敬业、工匠精神等素养拓展元素融入教材编写，打造示范性素养教学教材。

本教材由重庆工业职业技术学院副教授、"巴渝学者计划"青年学者宋阳和重庆海关技术中心高级工程师唐柏彬担任主编，重庆工业职业技术学院教授李应担任主审，负责教材内容审核。重庆鸿庆达产业有限公司苏平、重庆博腾制药科技股份有限公司郑香素、重庆京东方显示技术有限公司李存智为教材内容选取提供了参考意见，具体编写分工如下：宋阳编写了项目一、项目二、项目三、项目四，唐柏彬负责收集企业案例并指导项目化实验操作流程，重庆工业职业技术学院陈洋溢负责核对项目一、项目二，烟台大学苏婷负责核对项目三，沈阳师范大学董玉伟参与编写项目四任务三，重庆工业职业技术学院李娇编写了项目五，重庆鸿庆达产业有限公司苏平负责核对项目五，重庆工业职业技术学院张俞浩编写了项目六，重庆化工职业学院蒋清梅负责核对项目六，重庆工业职业技术学院杨义斌编写了项目七，天津工业大学杜玺负责核对项目七，重庆工业职业技术学院赵洋洋为本教材进行校正，重庆轻工职业学院陈素妮进行最后的统稿工作。

在编写本教材的过程中，编者参考、引用和改编了国内外出版物中的相关资料以及网络资源，在此深表谢意！

因编者的学识水平和教学经验有限，书中难免会出现一些疏漏和不妥之处，敬请广大读者批评指正，以便下次修订时进一步完善。

本书配套在线课程请登录智慧职教 MOOC 学院 https://mooc.icve.com.cn/cms/courseDetails/index.htm? cid = wlhzqg050sy176。

编 者

2024 年 4 月

《物理化学》课程介绍

目　录

绪论 ……………………………… 1

项目一　热力学第一定律 ………… 3

　　任务一　理想气体 …………… 3
　　任务二　热力学基本概念 …… 7
　　任务三　热力学第一定律 …… 11
　　任务四　焓 …………………… 13
　　任务五　变温过程热的计算 … 22
　　任务六　热力学第一定律在简单
　　　　　　p，V，T 变化过程中的应用
　　　　　　………………………… 24

项目二　热力学第二定律 ………… 28

　　任务一　自发过程 …………… 28
　　任务二　熵函数 ……………… 31
　　任务三　熵变的计算 ………… 35
　　任务四　ΔG 的计算 …………… 39

项目三　液态混合物和溶液 ……… 43

　　任务一　多组分系统的表示方法
　　　　　　………………………… 43
　　任务二　气液组成的计算 …… 46
　　任务三　分配系数的测定 …… 51
　　任务四　稀溶液的依数性 …… 59

项目四　相平衡 …………………… 70

　　任务一　相律的应用 ………… 70
　　任务二　绘制水的相图 ……… 75
　　任务三　克劳修斯 - 克拉佩龙方
　　　　　　程 …………………… 77
　　任务四　二组分系统气 - 液相图
　　　　　　的绘制 ……………… 80

项目五　化学平衡 ………………… 85

　　任务一　偏摩尔量与化学势 … 85
　　任务二　化学反应的方向与限度 ……
　　　　　　………………………… 96
　　任务三　平衡常数的表示方法 …… 100
　　任务四　标准平衡常数的计算 … 104
　　任务五　平衡组成的计算 …… 111
　　任务六　化学平衡的影响因素 … 114

项目六　化学动力学 ……………… 125

　　任务一　化学反应速率及其方程
　　　　　　………………………… 125
　　任务二　简单级数反应的速率方
　　　　　　程 …………………… 131
　　任务三　温度对反应速率的影响
　　　　　　………………………… 139
　　任务四　催化作用 …………… 147

项目七　电化学 ……………… 155

　　任务一　电化学基本概念 ……… 156
　　任务二　电导测定的应用 ……… 162
　　任务三　强电解质的活度和活度
　　　　　　系数 ……………… 167
　　任务四　可逆电池的设计 ……… 170
　　任务五　可逆电池热力学 ……… 176
　　任务六　电极电势及电池电动势
　　　　　　的应用 ……………… 180

附录 A　物质的标准摩尔生成焓、标
　　　　准摩尔生成吉布斯函数、标
　　　　准摩尔熵和标准摩尔热容
　　　　（100 kPa，298.15 K） ……… 184
附录 B　某些有机化合物的标准摩
　　　　尔燃烧焓（298.15 K） …… 190
附录 C　某些各种气体自 298.15 K
　　　　至某温度的平均摩尔定压
　　　　热容 $\overline{C}_{p,\mathrm{m}}$ ……………… 191
附录 D　某些气体物质的摩尔定压
　　　　热容与温度的关系 $C_{p,\mathrm{m}} = a + bT + cT^2 + dT^3$ ……… 192

绪　论

小液滴、气泡和肥皂泡等都有呈球形的趋势吗？

面粉也会爆炸吗？

下雪后，为了使地面的积雪融化，为什么常在地上撒盐？

喷洒农药为什么要加表面活性剂？

这些问题中都蕴含着丰富的科学知识，并且与物理化学所学的内容息息相关，那么什么是物理化学？

一、物理化学的建立与发展

18 世纪中叶，俄国科学家罗蒙诺索夫最早使用"物理化学"这一术语。

1887 年德国科学家奥斯特瓦尔德和荷兰科学家范特霍夫合办的《物理化学杂志》（德文）创刊。

20 世纪前期，新测试手段和新的数据处理方法不断涌现，形成了许多新的分支学科，如热化学、化学热力学、电化学、溶液化学、胶体化学、表面化学、化学动力学、催化化学、量子化学和结构化学等，更涌现出一批以黄子卿、李远哲、唐有祺、徐光宪等为代表的科学家。中华民族自古以来就不乏优秀的科学家，中华人民共和国成立以后，有一批又一批人前仆后继，打破国外的技术封锁，为我国的科学技术作出贡献。

20 世纪中叶后物理化学的发展逐渐系统化，对物质及体系开始进行从宏观到微观、从体相到表相、从静态到动态、从定性到定量、从单一学科到边缘学科、从平衡态到非平衡态的研究。

什么是物理化学？物理化学是研究所有物质系统化学行为的原理、规律和方法的学科，是化学以及在分子层次上研究物质变化的其他学科领域的理论基础。它涵盖从宏观到微观与性质的关系、规律、化学过程机理及其控制的研究。中国物理化学奠基人之一黄子卿将物理化学定义为从物理现象和化学现象的联系中找出物质变化的基本原理的一种科学。

著名教育科学工作者唐有祺将物理化学定义为化学学科中的一个重要学科，它是借助数学、物理学等基础科学的理论及其提供的实验手段，研究化学科学中的原理和方法，研究化学体系行为最一般的宏观、微观规律和理论的学科，是化学的理论基础。

物理化学家和化学教育学家印永嘉教授曾说："无机化学是化学的四肢，有机化学是化学的躯体，分析化学是化学的眼睛，物理化学是化学的灵魂。"

"没有物理化学知识的人，不能说懂得化学。"比如，学习无机化学时，元素周期律起到了很大作用，但只有在学习了物质结构之后，才能对周期律的本质和内在规律给出更深刻的解释。物理化学极大地扩充了化学研究的领域，促进了相关学科的发展，与国计民生密切相关，是认识一个具体化工生产过程及开发一个新过程所必不可少的知识，是相关部门改进旧工艺，实现新技术的理论基础和定量依据。因此，学好物理化学至关重要。

二、物理化学的课程内容

物理化学主要运用物理和数学的有关理论与方法，从物理现象与化学现象的联系入手，研究物质化学运动的普遍规律，因此又称理论化学。其主要内容涵盖以下几个方面。

（1）热力学：研究物质的能量转化和热力学性质，包括热力学定律、热力学函数、相平衡等。热力学无处不在，如空调与冰箱的制冷系统、电器加热系统、保温系统等都属于热力学研究范围。

（2）动力学：研究物质的反应速率和反应机理，包括速率方程、反应机理、催化剂等。

（3）电化学：研究电荷转移和电化学反应，包括电解质溶液、电极反应、电池等。电解工业、化学电源、金属防腐、环境保护等都需要电化学的相关知识。

在物理化学课程中，学生将学习相关的理论知识，进行实验操作，掌握基本的实验技能和数据分析能力。此外，物理化学在化学工程、材料科学、环境科学等领域具有重要的应用价值。

三、物理化学的学习方法

（1）明确学习目标。首先，需要明确学习目标。了解要掌握哪些知识点，理解哪些概念，以及如何将这些知识应用到实际问题中。

（2）理解基本概念。物理化学涉及许多基本概念，如焓、热力学能、功、电导等。学生需要花时间去理解这些概念，以及它们之间的相互关系。

（3）系统学习。按照教材的顺序，从基础知识开始，逐步深入学习。不要试图跳跃或跳过任何部分，因为这可能会导致在后续的学习中产生困惑。

（4）注重实验。物理化学是一门实验科学，因此需要通过实验来加深对理论知识的理解。通过观察和操作实验，可以更好地理解物理现象和化学过程。

（5）勤于练习。练习是巩固知识的有效方法。通过大量的练习，可以加深对知识点的理解和记忆，提高解题能力。

（6）及时复习。定期回顾和复习已学知识，可以巩固记忆，提高学习效果。

（7）寻求帮助。如果在学习过程中遇到困难，不要害怕寻求帮助，可以向老师、同学或在线课程寻求帮助，共同解决问题。

（8）建立知识体系。在学习过程中，尝试将知识点联系起来，建立自己的知识体系。这有助于更好地理解知识，提高综合运用能力。

总之物理化学不难学，物理化学是方法论，是一种思维训练，是对基本科研素质的培养。

绪论

项目一　热力学第一定律

◎ **知识目标**

1. 掌握理想气体的状态方程、分压定律、分体积定律之间内在逻辑联系。
2. 掌握热力学基本概念。
3. 能够解释并运用热力学第一定律。
4. 能够解释焓与热容，比较及归纳变温过程热的计算方法。
5. 能够建立热力学第一定律及其应用之间的联系。

◎ **能力目标**

1. 能够运用理想气体状态方程对理想气体的 p，V，T 等进行互算。
2. 能够辨析状态函数、过程、途径等抽象的热力学基本概念。
3. 能够运用热力学第一定律计算过程的热、功及热力学能变。
4. 能够计算理想气体简单状态变化过程的 ΔU 和 ΔH。
5. 能够运用比较、分类、归纳、概括等方法获取信息并进行加工。

◎ **素质目标**

1. 培养学生的科学家精神，鼓励学生崇尚科学，增强学生团队合作意识。
2. 培养学生的创新意识，鼓励学生勇于探索未知领域，提出新的理论和方法。
3. 培养学生的批判性思维(对已有理论的质疑、对实验结果的评估、对新知识的筛选等)，提高学生独立思考的能力，避免盲目接受信息。

任务一　理想气体

◎ **案例导入**

乌江之畔，在重庆市涪陵区白涛街道的悬崖边，远远就能看见金子山上一根 150 m 高的烟囱直插云霄。这实际上是 816 地下核工程的排风烟囱。这个烟囱之所以设置得很高，是因为较高的烟囱可以利用热压或风压效应，更有效地将废气排放到大气中，提高排放效率。同时通过增加烟囱的高度，可以将排放的废气扩散到更大的空间，从而降低局部地区的污染浓度。对于核工程来说，排放的废气可能包含放射性物质，较高的烟囱可以将这些物质排放到更高的高度，减少对人类和环境的直接接触，降低潜在危害。

案例里提到的热压作用产生的通风效应又称"烟囱效应"。"烟囱效应"的强度与建筑物高度和室内外温差有关。一般情况下，建筑物越高，室内外温差越大，"烟囱效应"越强烈。那么气体与温度、压强有什么关系呢？

一、理想气体状态方程

（一）气体经验定律

自 17 世纪中期开始，人们对低压下的气体做了大量研究，发现气体的 p，V，T 之间存在一定的关系，典型经验定律包括玻意耳（Boyle）定律、查理（Charle）定律、盖吕萨克（Gay - Lussac）定律、阿伏伽德罗（Avogadro）定律。

1. 玻意耳定律

在物质的量和温度恒定的情况下，气体的体积与压强呈反比。

$$pV = 常数 \quad （n，T 恒定） \tag{1-1}$$

式中　p——气体的压强；

　　　V——气体的体积；

　　　T——气体的热力学温度；

　　　n——气体物质的量。

2. 查理定律

一定质量的某种气体，在体积不变的情况下，它的压强跟热力学温度呈正比。

$$\frac{p}{T} = C \tag{1-2}$$

3. 盖吕萨克定律

在物质的量和压力恒定的情况下，气体的体积与热力学温度呈正比。

$$\frac{V}{T} = K_1 \tag{1-3}$$

4. 阿伏伽德罗定律

在温度和压强恒定不变的情况下，一定量的任何气体其体积与物质的量呈正比。

$$\frac{V}{n} = K_2 \tag{1-4}$$

（二）理想气体状态方程

将上述 4 个气体经验定律相结合，可得出理想气体 p，V，T，n 之间关系的方程——理想气体状态方程：

$$pV = nRT \tag{1-5}$$

式中　p——气体的压强，单位为 Pa；

　　　V——气体的体积，单位为 m^3；

　　　T——气体的热力学温度，单位为 K；

　　　n——气体物质的量，单位为 mol；

　　　R——摩尔气体常数，大约为 8.314 J/(mol·K)，与气体种类无关。

【实战演练 1 -1】 管道输送某种气体，已知管道内压强为 200 kPa，温度为 298 K，密度为 1.295 kg·m^{-3}，若将其视为理想气体，则该气体的摩尔质量为多少？该气体是何种气体？

解：根据理想气体状态方程，

$$pV = nRT = \frac{m}{M}RT$$

$$pM = \frac{m}{V}RT = \rho RT$$

$$M = \frac{\rho RT}{p} = \frac{1.295 \times 8.314 \times 298}{200} \approx 16.04 \, (g \cdot mol^{-1})$$

猜测该气体可能为甲烷（CH_4）。

（三）理想气体

在任何温度和压强下都服从理想气体状态方程的气体称为理想气体。

理想气体微观模型如下：

（1）分子本身没有体积。

（2）分子之间没有相互作用力。

事实上，理想气体并不存在，它只是真实气体在 p 趋于零、V 趋于无限大时的极限状态，其行为代表了各种气体在高温低压下的共性。

【思考】 理想气体可以液化吗？

二、道尔顿分压定律

在现实生活或者实际生产中，我们所说的"气体"往往都是由多种气体组成的混合物。理想气体状态方程不仅适用于纯理想气体，也适用于理想气体的混合物。

道尔顿分压定律

1. 认识概念

物质的量分数（摩尔分数）y_B：组分 B 的物质的量与系统中各组分总的物质的量之比，即

$$y_B = \frac{n_B}{n} \tag{1-6}$$

式中 y_B——混合气体中任一组分 B 的摩尔分数，量纲为 1；

n_B——混合气体中任一组分 B 的物质的量，单位为 mol；

n——混合气体总的物质的量，单位为 mol。

气体混合物的物质的量分数常用 y 表示，液体混合物的物质的量分数常用 x 表示，所有组分的物质的量分数之和为 1，即

$$y_1 + y_2 + y_3 + \cdots = \sum_B y_B = 1 \tag{1-7}$$

分压强：混合气体中某组分单独存在，并具有与混合气体相同的温度和体积时所产生的压强。

在一个气体混合物中，任一组分 B 的分压强等于总压强与组分 B 的物质的量分数 y_B

之积，即

$$p_B = p y_B \qquad (1-8)$$

式中　p_B——气体混合物中组分 B 的分压强，单位为 Pa；

　　　p——混合物的总压强，单位为 Pa。

2. 道尔顿分压定律介绍

1810 年左右，约翰·道尔顿发现理想气体混合物的总压强等于其中各组分的分压强之和，即

$$p = \sum_B p_B \qquad (1-9)$$

$$\frac{p_B}{p} = \frac{\dfrac{n_B RT}{V}}{\dfrac{nRT}{V}} = \frac{n_B}{n} = y_B \qquad (1-10)$$

注意：道尔顿分压定律要在相同温度和体积下，各组分之间不发生化学反应时才能使用。

【实战演练 1-2】　在一个 $1\ m^3$ 的容器中，有 0.4 g 的 $H_2(g)$ 与 1.2 g 的 $He(g)$。求容器中各气体的物质的量分数及 0 ℃时各气体的分压。

解：各气体的物质的量为

$$n(H_2) = \frac{m(H_2)}{M(H_2)} = \frac{0.4}{2} = 0.2\ mol$$

$$n(He) = \frac{m(He)}{M(He)} = \frac{1.2}{4} = 0.3\ mol$$

容器中气体的物质的量为

$$n = n(H_2) + n(He) = 0.5\ mol$$

各气体的物质的量分数为

$$y_{H_2} = \frac{n(H_2)}{n} = \frac{0.2}{0.5} = 0.4$$

$$y_{He} = 1 - y_{H_2} = 0.6$$

根据理想气体状态方程，可得容器的压强为

$$p = \frac{nRT}{V} = \frac{0.5 \times 8.314 \times 273.15}{1} = 1\ 135.48\ Pa$$

各气体的分压强为

$$p(H_2) = y_{H_2} p = 0.4 \times 1\ 135.48\ Pa = 454.19\ Pa$$

$$p(He) = y_{He} p = 0.6 \times 1\ 135.48\ Pa = 681.29\ Pa$$

三、阿玛格分体积定律

1. 认识概念

分体积：气体混合物中任一组分 B 单独存在于气体混合物所处的温度、压强条件下占有的体积。

注意：分体积是指某气体混合物混合前在指定温度、压强下所占的体积，混合后没有分体积。

在一个气体混合物中，任一组分 B 的分体积等于总体积与组分 B 的物质的量分数 y_B 之积，即

$$V_B = V y_B \qquad (1-11)$$

式中　V_B——气体混合物中组分 B 的分体积，单位为 m^3；

　　　V——混合物的总体积，单位为 m^3。

2. 阿玛格分体积定律介绍

理想气体混合物的总体积等于其中各组分的分体积之和，即

$$V = \sum_B V_B \qquad (1-12)$$

$$\frac{V_B}{V} = \frac{\dfrac{n_B RT}{p}}{\dfrac{nRT}{p}} = \frac{n_B}{n} = y_B \qquad (1-13)$$

 素质拓展训练

一、选择题

（1）A，B 两种理想气体的混合物总压强为 100 kPa，其中气体 A 的物质的量分数 0.6，则气体 B 的分压为（　　　）。

A. 100 kPa　　　　　B. 60 kPa　　　　　C. 40 kPa　　　　　D. 不确定

（2）一定压力下，当 2 L 理想气体从 0 ℃升温到 273 ℃时，其体积变为（　　　）。

A. 5 L　　　　　B. 4 L　　　　　C. 6 L　　　　　D. 1 L

二、判断题

（1）理想气体是不可以液化的。　　　　　　　　　　　　　　　　　（　　　）

（2）根据理想气体状态方程得知，T 一定时，p 与 V 呈正比。　　　（　　　）

（3）在任何温度、压强下都遵从 $pV = nRT$ 的气体，称为理想气体。（　　　）

三、计算题

298.15 K，300 kPa 下，1 mol 理想气体混合物中，组分 B 的物质的量分数 $y_B = 0.40$，则组分 B 的分体积 V_B 应该为多少？

任务二　热力学基本概念

◉ **案例导入**

2023 年 10 月 31 日 8 时 11 分，神舟十六号载人飞船返回舱在东风着陆场成功着陆，现场医监医保人员确认航天员景海鹏、朱杨柱、桂海潮身体健康状况良好，神舟十六号载

人飞行任务取得圆满成功。1999 年我国成功发射了第一艘无人飞船"神舟一号"。从 1999 年到 2003 年，我国共发射了四艘无人飞船，用于验证飞船、火箭及发射场等系统的可靠性。直到 2003 年 10 月 15 日，"神舟五号"成功将我国首位航天员杨利伟送入太空，才正式标志着我国成为世界上第三个独立掌握载人航天技术的国家。那么神舟飞船发射，总指挥最关心的是什么问题？是安全问题。这个安全问题指的就是在发射过程中，进行化学反应 $2N_2H_4(肼) + N_2O_4 \xrightarrow{\text{点燃}} 3N_2 + 4H_2O$ 的同时，还伴随着能量的变化。能量的变化又通常以热的形式表现出来。知道化学反应是吸热还是放热，并计算出反应热的量，对于控制和利用化学反应具有指导意义。

中国取得航天技术成就时间概览如图 1 – 1 所示。

图 1 – 1　中国取得航天技术成就时间概览

一、系统与环境

1. 认识概念

系统：在热力学中，把被划定的研究对象称为系统。

环境：系统以外，与系统密切相关的外界称为环境。

系统与环境是人为进行划分的，并不是一成不变的。

2. 系统的分类

根据系统与环境之间是否存在物质交换和能量交换，可以将系统分成三类。

敞开系统：与环境之间既有物质交换又有能量交换的系统。例如，用敞口的玻璃杯盛装热水放在桌子上一段时间，杯中的水会蒸发，与环境之间存在物质交换，热水慢慢变凉，与环境之间存在能量交换。

封闭系统：与环境之间存在能量交换而无物质交换的系统。例如，用加盖的玻璃杯盛装热水，水的蒸发和凝结都只能在杯中进行，因此没有物质交换，但是一段时间后热水仍然会变凉，所以存在能量交换。若未经特别指明，本书中所言系统均为封闭系统。

隔离系统：与环境之间既无物质交换也无能量交换的系统。例如，用保温杯盛装热水。

严格来说，真正的隔离系统是不存在的，因为自然界中的一切事物总是相互联系或者相互影响的，但是当这些联系或影响可以忽略不计时，就可以将这样的系统看作隔离系统。

将以上所学内容填入表 1-1 中。

表 1-1　系统的分类

系统	物质交换	能量交换	举例
敞开系统			
封闭系统			
隔离系统			

注：若存在物质交换或能量交换画上"√"，若不存在画上"×"。

3. 系统的性质

热力学系统是由大量微观粒子组成的宏观集合体系所表现出的集体行为，其中包含可以通过实验测定的物理量，如压强 p、温度 T、体积 V、热容 C 等，还包括无法通过实验测定的物理量，如热力学能 U、焓 H、熵 S 等，它们都属于热力学系统的宏观性质，简称热力学性质，分为广度性质和强度性质两类。

广度性质的数值与系统中物质的量有关，具有加和性，如 V，m，U 等。

强度性质的数值与系统中物质的量无关，不具有加和性，如 T，p 等。

往往两个广度性质之比或者广度性质的摩尔量也是强度性质，比如，密度 $\rho\left(\rho=\dfrac{m}{V}\right)$、摩尔质量 M、摩尔体积 V_m 等均为强度性质。

二、状态与状态函数

状态：热力学系统的物理性质和化学性质的综合表现。

状态函数：描述系统的热力学性质。系统所有性质确定之后，系统的状态就完全确定。同理，系统的状态确定之后，其所有性质均有唯一确定的值。

状态函数的特性：异途同归，值变相等；周而复始，数值还原。

例如，要将 20 ℃ 的水加热到 70 ℃，无论是直接从始态加热到 70 ℃，还是先加热到 100 ℃ 后降温至 70 ℃，状态函数温度 T 的变化值 ΔT 均为 50 ℃，因此状态函数的变化与途径无关，如图 1－2 所示。同时无论经历多么复杂的变化，只要系统恢复原状态，则状态函数都恢复到原来的数值，即状态函数的变化值为零。

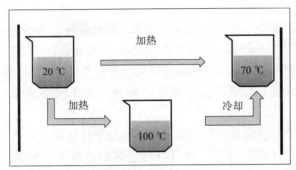

图 1－2　20 ℃ 水加热到 70 ℃ 的过程

系统与环境、状态与状态
函数、过程与途径

三、过程与途径

过程：在一定环境条件下，系统发生由始态到终态的变化称为过程。

途径：系统状态从同一始态到同一终态可以有不同的方式，这种不同的方式称为途径。

1. 简单 p，V，T 过程

恒温过程：系统状态发生变化时，系统的温度始终保持恒定不变，且等于环境温度，即 $T_1 = T_2 = T_环 = $ 常数。

恒压过程：系统的压强始终恒定不变，且等于环境的压强，即 $p_1 = p_2 = p_环 = $ 常数。

恒容过程：在变化过程中系统的体积始终恒定不变，即 $V_1 = V_2$。

绝热过程：系统与环境之间没有热交换的过程，即 $Q = 0$。

循环过程：系统由某一状态出发，经历一系列的变化，又回到原状态的过程。在循环过程中，系统的始态、终态是同一状态，因此状态函数的变化量为零。

2. 相变过程

物质的聚集状态通常可以分为气态、液态、固态。系统中发生聚集状态的变化过程称为相变过程，如气体的液化和凝华、液体的汽化和凝固、固体的升华和熔化。

3. 化学变化过程

系统中发生化学变化，使物质的种类和数量都发生变化的过程称为化学变化过程。发生化学变化的系统一般可以看作封闭系统。

4. 可逆过程

系统经历某一过程后从一个状态变为另一个状态，如果能通过其逆过程使系统和环境完全复原，则称为可逆过程；反之，若用任何方法都不能使系统和环境复原，则称为不可逆过程。

可逆过程的特点如下：

（1）可逆过程进行时，系统始终无限接近平衡态。

（2）可逆过程的每一个中间步骤均可以向正、反两个方向进行，而不在系统和环境中留下任何其他变化。

（3）可逆过程系统做功最多，环境消耗功最少。

素质拓展训练

判断题

（1）绝热过程的特征是系统与环境间无热传递。   （   ）

（2）密度 ρ 是广度性质。   （   ）

（3）既有能量交换又有物质交换的系统是封闭系统。   （   ）

（4）热力学第二定律的微观实质：熵是增加的。   （   ）

（5）系统与环境之间没有能量交换。   （   ）

（6）系统与环境之间的相互作用总是可逆的。   （   ）

任务三　热力学第一定律

案例导入

体重增加，是因为每天摄入的热量超过机体消耗的热量。热量可以从一个物体传递到另一个物体，也可以与机械能或其他能量互相转换，但是在转换过程中，能量的总值保持不变。热力学第一定律（能量守恒定律）是自然界的普遍基本规律。减肥的秘诀：少食多动，即摄入的热量小于消耗的热量。

一、认识概念

热：系统与环境间由温差引起的能量传递形式，用符号 Q 表示。热力学规定：系统从环境吸热，$Q>0$；系统向环境放热，$Q<0$。热总是与系统进行的具体过程相联系，没有过程就没有热，因此，热不是系统的状态函数。

功：除热以外，在系统与环境之间能量传递的任何其他形式的统称，用符号 W 表示。热力学规定：环境对系统做功，$W>0$；系统对环境做功，$W<0$。功也是与过程有关的量，它也不是系统的状态函数。

热和功、热力学能

功可以分为两大类：系统在外压作用下，体积发生改变时与环境传递的功称为体积功；除此以外的其他功（如机械功、电功、表面功等）称为非体积功，用符号 W' 表示。

热力学能：又称内能，是系统内部所有能量的总和，用符号 U 表示。热力学能是状态函数，是系统自身的广度性质，具有加和性。

总结并归纳以上概念，填入表1-2中。

表1-2 热力学概念总结归纳表

物理量	符号	单位	是否是状态函数	热力学规定
热				
功				
热力学能				

二、体积功的计算

如图1-3所示，体积功为

$$\delta W = F\mathrm{d}Z = p_{外}A\mathrm{d}Z = -p_{外}\,\mathrm{d}V \qquad (1-14)$$

$$W = -\int p_{外}\,\mathrm{d}V \qquad (1-15)$$

恒容过程，$\mathrm{d}V = 0$，则 $W = 0$。

自由膨胀过程，$p_{外} = 0$，则 $W = 0$。

恒外压过程，$p_{环} = $ 常数，则

$$W = -p_{环}(V_2 - V_1)。 \qquad (1-16)$$

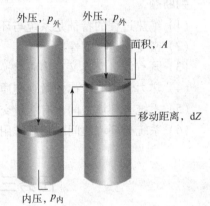

图1-3 外压作用下体积变化

恒压过程，$p = $ 常数，则

$$W = -p(V_2 - V_1)。 \qquad (1-17)$$

恒温过程，$W = -\int_{V_1}^{V_2} p\mathrm{d}V = -nRT\int_{V_1}^{V_2}\dfrac{\mathrm{d}V}{V} = -nRT\ln\dfrac{V_2}{V_1}。 \qquad (1-18)$

三、热力学第一定律

本质：能量守恒，即能量既不可能凭空产生也不可能凭空消失，只能从一种形式转化成另一种形式，在转化过程中能量的总值不变。

文字表述：第一类永动机是不可能造成的。

数学表达式：$\Delta U = Q + W$。 $\qquad (1-19)$

热力学第一定律

 素质拓展训练

问答题

（1）如果环境对一个系统做了140 J的功，热力学能增加了200 J，那么系统将吸收或者放出多少热？

（2）一个系统在膨胀过程中，对环境做了1 000 J的功，同时吸收了2 450 J的热，那么系统的热力学能变化为多少？

（3）一个礼堂有 800 人在开会，每个人平均每小时向周围散发出 4.2×10^5 J 的热量，如果以礼堂中的空气和椅子为系统，则在开会后的 30 min 内，系统热力学能增加了多少？若以礼堂中的空气、人和其他所有东西为系统，则其热力学能的变化量为多少？

任务四　焓

案例导入

人们生活的地球围绕太阳转动，产生了春夏秋冬四季。四季流转，人们感受到了冷热交替的变化。人们在冬天需要加热维持温暖，在夏天则需要降温去暑。人类发明了空调，空调在夏天可以制冷，在冬天可以制热，满足了人类对舒适生活的需要。可是这种制冷制热的功能是需要耗能的，可不可以发明一种材料，利用材料来蓄热放热？

经过科学研究，科学家把材料蓄热放热的能力用焓值来区别，焓值高就是材料的蓄热能力大。比如，每千克水温度升高 1 ℃需要吸收 4 180 J 的热量，即水的焓值是 4.18 J · g^{-1}。目前，高焓值材料的应用得到了发展，比如，在电池发热的温度控制与管理、运输保温材料应用、个人防护装备等方面。如果有一种材料可以蓄热放热，就可以增加保温效果。开发高焓材料就成为一个热门课题。

问题引入

什么是焓能材料？

热是过程函数，不同过程的热如何计算呢？

一、恒容热

系统在恒容且不做非体积功的过程中，与环境传递的热称为恒容热，用 Q_V 表示，单位为 J 或 kJ，下标 V 表示恒容过程。

封闭体系恒容过程中，$W = 0$，则根据热力学第一定律 $\Delta U = Q + W$，可知 $Q_V = \Delta U$，即封闭系统吸收的热量在数值上等于系统内能的增加，封闭系统放出的热量在数值上等于系统内能的减少。

二、恒压热

系统在恒压且不做非体积功的过程中，与环境传递的热称为恒压热，用 Q_p 表示，单位为 J 或 kJ，下标 p 表示恒压过程。

根据热力学第一定律 $\Delta U = Q + W$，

$$\Delta U = Q_p - p_环 (V_2 - V_1) \tag{1-20}$$

$$U_2 - U_1 = Q_p - (p_2 V_2 - p_1 V_1) \tag{1-21}$$

$$Q_p = (U_2 + p_2 V_2) - (U_1 + p_1 V_1) \tag{1-22}$$

由于 U，p，V 均为状态函数，因此它们之间的组合也是状态函数。

令 $H = U + pV$，则 $Q_p = \Delta H$。 $\tag{1-23}$

三、焓

焓：定义式为 $H = U + pV$。

焓是状态函数，具有状态函数的特征。

焓是系统的广度性质，具有加和性。

因为热力学能的绝对值无法求得，故焓的绝对值也无法确定，焓的单位为 J 或 kJ。

1. 相变焓

物质的量为 n 的物质 B 在恒定的温度压强下由 α 相转变为 β 相，过程的焓变称为相变焓。

写作 $\Delta_\alpha^\beta H$，单位为 J 或 kJ。

将 1 mol 物质的相变焓称为摩尔相变焓，用 $\Delta_\alpha^\beta H_m$ 表示，单位为 $J \cdot mol^{-1}$ 或 $kJ \cdot mol^{-1}$。

常见的相变类型如下。

s→l 为熔化（fus）；l→s 为凝固。

l→g 为蒸发（vap）；g→l 为凝结。

s→g 为升华（sub）；g→s 为凝华。

$W' = 0$ 时，在恒温和该温度的平衡压力下发生的相变过程 $Q_p = \Delta_\alpha^\beta H = n\Delta_\alpha^\beta H_m$。

应用摩尔相变焓数据时应注意的问题如下。

（1）相变方向。相变焓数据的相变方向要与实际相变方向相同。如果相变方向的始态、终态倒置，则在同样的温度、压强下，相变焓数值相等，符号相反。

（2）相变焓单位。物质的数量单位与相变焓的物质基准单位要统一。

（3）相变温度。相变焓数据的温度要与实际相变温度一致。

2. 标准摩尔生成焓

定义：指定温度、标准压强下，由稳定单质生成 1 mol 指定相态物质 B 时反应的焓变称为物质 B 的标准摩尔生成焓。

符号：$\Delta_f H_m^\ominus (B, \beta, T)$，其中 f 表示生成（formation）；B 表示物质；β 表示状态；T 表示热力学温度。

单位：$kJ \cdot mol^{-1}$。

注意：

（1）稳定单质是指定条件下最稳定的状态，稳定单质的标准摩尔生成焓为零。比如，碳的单质有金刚石、石墨等，但最稳定的为石墨，因此石墨的标准摩尔生成焓为零，金刚石的标准摩尔生成焓为 $1.9\ kJ \cdot mol^{-1}$。

（2）标准摩尔生成焓没有规定温度。

3. 标准摩尔反应焓

定义：当反应系统中各物质都处于标准状态时，反应的摩尔焓变称为标准摩尔反应焓。

符号：$\Delta_r H_m^\ominus (T)$，其中 r 表示反应（reaction）。

单位：$kJ \cdot mol^{-1}$。

4. 标准摩尔燃烧焓

定义：在指定温度、标准压强下，1 mol 物质完全氧化成指定产物时反应的焓变称为标准摩尔燃烧焓。

符号：$\Delta_c H_m^{\ominus}(B, \beta, T)$，其中 c 表示燃烧（combustion）。

单位：$kJ \cdot mol^{-1}$。

注意：完全氧化的含义是使物质完全燃烧为完全氧化后的氧化产物，如 C 完全燃烧应该变成 $CO_2(g)$；H_2 完全燃烧应该变成 $H_2O(l)$，这些指定的燃烧产物的标准摩尔燃烧焓等于零。

四、应用

对于由稳定单质直接完全燃烧生成产物的反应，反应的 $\Delta_r H_m^{\ominus}(T)$ 等于反应物的 $\Delta_c H_m^{\ominus}(B, \beta, T)$，也等于产物的 $\Delta_f H_m^{\ominus}(B, \beta, T)$。

【实战演练 1-3】 在 298. 15 K，100 kPa 下，反应

$$H_2(g) + \frac{1}{2}O_2(g) \longrightarrow H_2O(l)$$

$$\Delta_r H_m^{\ominus}(298.15 \text{ K}) = -285.8 \text{ kJ} \cdot mol^{-1}$$

此条件下反应物 H_2 的标准摩尔燃烧焓为

$$\Delta_c H_m^{\ominus}(H_2, \text{ g}, 298.15 \text{ K}) = -285.8 \text{ kJ} \cdot mol^{-1}$$

产物 H_2O 的标准摩尔生成焓为

$$\Delta_f H_m^{\ominus}(H_2O, \text{ l}, 298.15 \text{ K}) = -285.8 \text{ kJ} \cdot mol^{-1}$$

即 $\Delta_r H_m^{\ominus}(298.15 \text{ K}) = \Delta_c H_m^{\ominus}(H_2, \text{ g}, 298.15 \text{ K}) = \Delta_f H_m^{\ominus}(H_2O, \text{ l}, 298.15 \text{ K})$。

同理，对于反应 $C(石墨) + O_2(g) \longrightarrow CO_2(g)$，则有

$$\Delta_r H_m^{\ominus}(T) = \Delta_c H_m^{\ominus}(石墨, \text{ s}, T) = \Delta_f H_m^{\ominus}(CO_2, \text{ g}, T)$$

由 $\Delta_f H_m^{\ominus}(B, \beta, T)$ 计算 $\Delta_r H_m^{\ominus}(T)$，对于在温度 T 和标准压强下进行的任意化学反应

$$dD + eE \longrightarrow gG + hH$$

$$\Delta_r H_m^{\ominus}(T) = [g\Delta_f H_m^{\ominus}(G, \beta, T) + h\Delta_f H_m^{\ominus}(H, \beta, T)] - [d\Delta_f H_m^{\ominus}(D, \beta, T) + e\Delta_f H_m^{\ominus}(E, \beta, T)]$$

$$\Delta_r H_m^{\ominus}(T) = \sum_B v_B \Delta_f H_m^{\ominus}(B, \beta, T)$$

【实战演练 1-4】 计算恒压反应 $2Al(s) + Fe_2O_3(s) \longrightarrow Al_2O_3(s) + 2Fe(s)$ 的标准摩尔反应焓变，并判断此反应是吸热还是放热。

解：查得各物质的标准摩尔生成焓如表 1-3 所示。

表 1-3 各物质的标准摩尔生成焓

	Al(s)	$Fe_2O_3(s)$	$Al_2O_3(s)$	Fe(s)
$\Delta_f H_m^{\ominus}(298.15 \text{ K})/(kJ \cdot mol^{-1})$	0.0	-824.2	-1 675.7	0.0

$$\Delta_r H_m^{\ominus}(298.15 \text{ K}) = \Delta_f H_m^{\ominus}(Al_2O_3, \text{ s}, 298.15 \text{ K}) + 2\Delta_f H_m^{\ominus}(Fe, \text{ s}, 298.15 \text{ K}) -$$

$$2\Delta_f H_m^{\ominus}(Al, \text{ s}, 298.15 \text{ K}) - \Delta_f H_m^{\ominus}(Fe_2O_3, \text{ s}, 298.15 \text{ K})$$

$$= -1 675.7 + 2 \times 0 - 2 \times 0 - (-824.2)$$

$$= -851.5 \text{ kJ} \cdot mol^{-1} < 0 \text{ kJ} \cdot mol^{-1}$$

可判断此反应为放热反应。铝热法正是利用此反应放出的热量熔化和焊接铁件的。

五、盖斯定律

1840 年，盖斯在总结了大量实验结果的基础上，提出不管化学反应是一步完成的，还是分步完成的，该反应的热效应都相等。

根据盖斯定律，利用热化学方程式的线性组合，可由已知反应的标准摩尔反应焓，计算未知反应的标准摩尔反应焓，即

$$\Delta_r H_{m,1}^\ominus(T) = \Delta_r H_{m,2}^\ominus(T) + \Delta_r H_{m,3}^\ominus(T) \tag{1-25}$$

注意：盖斯定律只对等压反应或者等容反应才严格成立。

【实战演练 1-5】 已知 298.15 K 时，

（1）$C(石墨) + O_2(g) = CO_2(g)$，$\Delta_r H_{m,1}^\ominus(298.15\ K) = -393.5\ kJ \cdot mol^{-1}$。

（2）$CO(g) + \frac{1}{2}O_2 = CO_2(g)$，$\Delta_r H_{m,2}^\ominus(298.15\ K) = -283.0\ kJ \cdot mol^{-1}$。

（3）$C(石墨) + \frac{1}{2}O_2(g) = CO(g)$。

求反应（3）的标准摩尔反应焓 $\Delta_r H_{m,3}^\ominus$(298.15 K)的值。

示意如图 1-4 所示。

解：根据盖斯定律，可知

反应（3）= 反应（1）- 反应（2）。

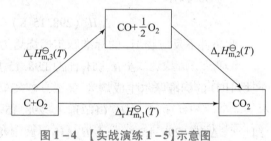

图 1-4 【实战演练 1-5】示意图

故

$$\Delta_r H_{m,3}^\ominus(298.15\ K) = \Delta_r H_{m,1}^\ominus(298.15\ K) - \Delta_r H_{m,2}^\ominus(298.15\ K)$$
$$= -393.5 - (-283) = -110.5\ kJ \cdot mol^{-1}$$

 素质拓展训练

一、判断题

（1）处于标准状态的 $CO(g)$，其标准燃烧热为零。　　　　　　　　　　（　　）

（2）系统的温度越高，所含的热量越多。　　　　　　　　　　　　　　（　　）

二、选择题

（1）ΔH 是体系的（　　　）。

A. 反应热　　　　　　B. 吸收的热量　　　　　C. 焓的变化　　　　D. 生成热

（2）非理想气体进行绝热自由膨胀时，下列选项中错误的是（　　　）。

A. $Q = 0$　　　　　　B. $W = 0$　　　　　　C. $\Delta U = 0$　　　　D. $\Delta H = 0$

（3）关于焓的性质，下列说法中正确的是（　　　）。

A. 焓是系统内含的热能，所以常称为热焓

B. 焓是能量，它遵守热力学第一定律

C. 系统的焓值等于内能加体积功

D. 焓的增量只与系统的始态和终态有关

（4）下列说法中错误的是（　　　）。

A. 焓是系统能与环境进行交换的能量

B. 焓是人为定义的一种具有能量量纲的热力学量

C. 焓是系统状态函数

D. 焓只有在某些特定条件下，才与系统吸热相等

（5）$Q_p = \Delta H$ 的适用条件是（　　　）。

A. 等压且非体积功为零

B. 等容且非体积功为零

C. 等温且非体积功为零

D. 任何条件都可以

（6）下列说法中正确的是（　　　）。

A. 水的生成热是氧气的燃烧热

B. 水蒸气的生成热即氧气的燃烧热

C. 水的生成热是氢气的燃烧热

D. 水蒸气的生成热即氢气的燃烧热

 知识拓展

炙手可热的导热储热材料：相变材料

全球经济的快速发展导致对能源的需求快速增长，如今能量存储已成为可再生能源技术体系的重要组成部分。其中，热能存储系统（Thermal Energy Storage System，TESS）是通过加热或冷却存储介质来存储热能，以便在以后的时间里可以使用存储的能量来为加热和冷却提供能源。在建筑物和工业过程中使用热能存储技术，可以提高整体效率和可靠性，并可以得到更好的经济效益，减少投资和运行成本，降低环境污染及碳排放。

热能存储系统一般是将热量存储在储热介质中，高能量密度和高放热/吸热效率是所有储热系统的理想特性。从目前世界研究的方向来看，热量存储一般可以分为显热存储、化学存储和潜热存储这三种方式。其中显热存储材料在能量释放过程中温度不能保持稳定，而且在热交换中热损失较高，不能长期保存热量，且蓄热能力较低，不能满足如今的工业要求；化学存储是利用储热材料可逆吸热/放热反应过程来存储和释放热量，尽管这种方法储热能力比较好，热损失比较小，但是要面临储热材料对设备的腐蚀、传热和传质能力差以及材料开发难等问题，限制了实际应用；潜热存储技术是利用相变材料在相变过程中吸收或释放热量，从而进行热量交换，弥补了显热存储不能长期保存热量的缺点，而且储能密度较大，没有化学反应的发生，不会对生态环境造成危害。

实验任务　燃烧焓的测定

一、实验依据

热量有 Q_V 和 Q_p 之分，用氧弹热量计测得的是等容燃烧热 Q_V；从手册上查到的燃烧热数值都是在 298.15 K，101.325 kPa 条件下的标准摩尔燃烧焓，属于等压燃烧热 Q_p。

由热力学第一定律可知，在不做其他功的条件下，$Q_V = \Delta U$，$Q_p = \Delta H$。若把参加反应

的气体和反应生成的气体都作为理想气体处理，则它们之间存在以下关系：

$$\Delta H = \Delta U + \Delta(pV) \tag{1-26}$$

$$Q_p = Q_V + \Delta nRT \tag{1-27}$$

式中　Δn——反应前后生成物和反应物中气体的物质的量之差；

　　　R——摩尔气体常数；

　　　T——反应的热力学温度（热量计的外筒温度，环境温度）。

在本实验中，设有 m 克物质在氧弹中燃烧，可使 W 克水及热量计本身由 T_1 升高到 T_2，C 代表系统的总热容，$Q_{V,m}$ 为该有机化合物的等容摩尔燃烧热，M 代表有机物的摩尔质量，则

$$|Q_{V,m}| = C(T_2 - T_1)/m + \Delta nRT \tag{1-28}$$

该有机物的燃烧热为

$$\Delta_c H_m = \Delta_r H_m = Q_{p,m} = Q_{V,m} + \Delta nRT = -MC(T_2 - T_1)/m + \Delta nRT \tag{1-29}$$

二、实验过程

实验过程具体内容如表 1-4 所示。

表 1-4　实验过程

实验名称	测量苯甲酸或者萘的燃烧热		
实验试剂	苯甲酸（AR）、萘（AR）、引燃专用镍铬燃烧丝		
实验仪器	氧弹热量计、氧气钢瓶、压片机、100 mL 容量瓶、500 mL 容量瓶、直尺、万用电表、剪刀、电子天平、分析天平		
任务	具体实施		要求
	实施步骤	实验记录	
样品制作	用电子天平称取 0.9~1.1 g 苯甲酸或 0.8~1 g 萘，在压片机上稍用力压成圆片。 用镊子将样品在干净的称量纸上轻击两三次，除去表面粉末后再用分析天平精确称量	记录： 称量有机物质的名称为_____ $m =$_____	
装氧弹	1. 截取 20 cm 的镍铬燃烧丝，在直径约 3 mm 的玻璃棒上，将其中段绕成螺旋形 5~6圈。 2. 旋开氧弹，把氧弹的弹头放在弹头架上，将样品放入坩埚内，把坩埚放在燃烧架上。 3. 将燃烧丝两端分别固定在弹头中的两根电极上，螺旋部分紧贴样品苯甲酸。 4. 用万用电表检查两电极间的电阻值。把弹头放入弹杯中，用手拧紧		注意燃烧丝不能与金属器皿接触。 样品在氧弹中燃烧产生的压力可达 14 MPa，因此在使用后应将氧弹内部擦干净，以免引起弹壁腐蚀，减少其强度

任务	具体实施		要求
	实施步骤	实验记录	
充氧气	检查氧气钢瓶上的减压阀,逆时针旋转使其处于松开状态(松开即关闭减压阀),再打开(逆时针)氧气钢瓶上的总开关。然后轻轻拧紧减压阀螺杆(拧紧即打开减压阀),使氧气缓慢进入氧弹内。待减压阀上的减压表压力指到 1.8 ~ 2.0 MPa 时停止,使氧弹和钢瓶之间的气路断开。 充气完毕后关闭(顺时针)氧气钢瓶总开关,并拧松减压阀螺杆		氧气遇油脂会爆炸,因此氧气减压器、氧弹以及氧气通过的各个部件,各连接部分不允许有油污,更不允许使用润滑油。如发现油污,应用乙醚或其他有机溶剂清洗干净
安装热量计	热量计包括外筒、搅拌电机、内筒和控制面板等。先放好内筒,调整好搅拌电机,注意不要碰壁。将氧弹放在内筒正中央,接好点火插头,加入 3 000 mL 水。安装完毕,再次用万用电表检查电路是否畅通		
数据测量	打开搅拌电机,待温度基本稳定后开始记录数据,整个数据记录分为三个阶段。 初期:样品燃烧以前的阶段。 在这个阶段观测和记录周围环境和量热体系在实验开始温度下的热交换关系。 每隔 1 min 读取温度 1 次,共读取 6 次	记录: $T_1 = $ _____ $T_2 = $ _____ $T_3 = $ _____ $T_4 = $ _____ $T_5 = $ _____ $T_6 = $ _____	坩埚在每次使用后,必须清洗和除去碳化物,并用纱布清除附着的污点
	主期:从点火开始至传热平衡阶段。 在读取初期最末 1 次数值的同时,按下点火开关即进入主期。此时每 0.5 min 读取温度 1 次,直到温度不再上升而开始下降的第 1 次温度为止(约共读取 10 次)	记录: $T_1 = $ _____ $T_2 = $ _____ $T_3 = $ _____ $T_4 = $ _____ $T_5 = $ _____ $T_6 = $ _____ $T_7 = $ _____ $T_8 = $ _____ $T_9 = $ _____ $T_{10} = $ _____	
	末期:这一阶段目的与初期相同,观察在实验后期的热交换关系。 此阶段仍是每 0.5 min 读取温度 1 次,直到温度停止下降为止(约共读取 10 次)。若外筒温度高于内筒温度,则温度会一直上升	记录: $T_1 = $ _____ $T_2 = $ _____ $T_3 = $ _____ $T_4 = $ _____ $T_5 = $ _____ $T_6 = $ _____ $T_7 = $ _____ $T_8 = $ _____ $T_9 = $ _____ $T_{10} = $ _____	

任务	具体实施		要求
	实施步骤	实验记录	
排气	停止观察温度后，从热量计中取出氧弹，缓缓旋开放气阀，在 5 min 左右放尽气体，拧开并取下氧弹盖，氧弹中如有黑烟或未燃尽的样品残余，则实验失败，应重做		氧弹、量热容器、搅拌器在使用完毕后，应用干布擦去水迹，保持表面清洁干燥
结束工作	实验结束，用干布将氧弹内外表面和弹盖擦净，最好用热风将弹盖及零件吹干或风干。 关闭水源和电源总闸		1. 实验室安全操作。 2. 团队工作总结

三、数据处理

1. 用雷诺法校正温差

具体方法：将燃烧前后观察所得的一系列水温和时间关系作图，得一曲线。

如图 1−5(a)所示，H 点意味着燃烧开始，热传入介质；D 点为观察到的最高温度值。

从相当于室温的 J 点作水平线交曲线于 I 点，过 I 点作垂线 ab，图 1−5 中曲线交 ab 线于 A，C 两点，A，C 两点的温度差值即为经过校正的 ΔT。

图 1−5 中 AA' 为开始燃烧到温度上升至室温这一段时间 Δt_1 内，由环境辐射和搅拌引进的能量所造成的升温，故应扣除。CC' 为由室温升到最高点 D 这一段时间 Δt_2 内，热量计向环境的热漏造成的温度降低，计算时必须考虑在内，故可认为，A，C 两点的差值较客观地表示了样品燃烧引起的升温数值。

在某些情况下，热量计的绝热性能良好，热漏很小，而搅拌器功率较大，不断引进的能量使得曲线不出现极高温度点，如图 1−5(b)所示，校正方法相似。

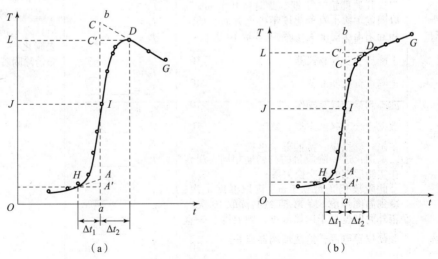

图 1−5　外筒与内筒温度曲线

(a)外筒温度低于内筒温度；(b)外筒温度高于内筒温度

2. 燃烧热

镍铬丝燃烧热为 $-3\,242\ \mathrm{J\cdot g^{-1}}$；苯甲酸燃烧热为 $-26\,460\ \mathrm{J\cdot g^{-1}}$。

3. 计算机实验误差

作苯甲酸和萘燃烧的雷诺温度校正后，由 ΔT 计算体系的热容和萘的等容燃烧热 $Q_{V\cdot m}$，并计算其等压燃烧热 $Q_{p,m}$，与手册上的等压燃烧热数据对比，计算实验误差。

四、应用

燃烧热是热化学中的基础数据之一，有些物质由于反应太慢或者反应不完全很难用实验方法直接测定其燃烧热，但是大部分可燃物的标准摩尔燃烧焓则是可以通过实验准确测定的，进而可以求得其他化学反应的标准摩尔反应焓。

氧弹热量计是一种较为精确的经典实验仪器，在生产实际中广泛应用于测定可燃物的热值，还可以用燃烧焓判断燃料的质量。该实验装置可测定绝大部分固体可燃物质，也可以用来测定液体可燃物质。以药用胶囊作为样品管，将液态可燃物质装入样品管内，胶囊的平均燃烧焓应预先标定并扣除。

五、检查与评价

学生完成实验任务的学习后，通过自评、小组互评来检查自己对本任务学习的掌握情况。指导教师在整个教学过程中，关注每个小组的检测过程及小组成员的动手能力，并对小组成员动手能力进行评价，学生对所学的各项任务进行抽签决定考核的内容。将具体的检查与评价填入表 1-5 中。

表 1-5　检查与评价

项目	评价标准	分值	学生自评	小组互评	教师评价
方案制定与准备	认真负责、一丝不苟地进行资料查阅，确定实验依据	10			
	协同合作制定方案并合理分工	5			
	相互沟通完成方案诊改	5			
	正确清洗及检查仪器	10			
实验测定	正确进行仪器准备	10			
	准确测量，规范操作	10			
	数据记录正确、完整、美观	10			
	正确计算结果，按照要求进行数据修约	10			
	规范编制检测报告	10			
结束工作	结束后倒掉废液，清理台面，洗净用具并归位	5			
	关闭仪器电源，清洗玻璃器皿并归位	10			
	文明操作，合理分工，按时完成	5			

任务五　变温过程热的计算

　　《西游记》里的火焰山因为孙悟空三借芭蕉扇的故事而家喻户晓。不过，作为一座奇山，火焰山也的确是名不虚传。每当夏天，远远望去，火焰山红色的山体上热浪滚滚，赤色烟云蒸腾缭绕。火焰山一带寸草不生，夏天山区最高气温达 47.8 ℃。更令人称奇的是，在火焰山峡谷之中，有一个葡萄沟。每当盛夏时节沟里与沟外像是两个世界。一进沟口，便会看到清泉淙淙、绿树成荫，在河谷两岸的山坡上，是一片片葱绿碧翠、层层叠叠的葡萄田。尽管这时火焰山下到处热气蒸腾，酷热难耐，而葡萄沟却是清风阵阵，凉爽宜人，堪称是火洲中的绿岛，避暑的天堂。这主要是因为，火焰山上都是砂石，而葡萄沟中溪流众多。夏天，在阳光的照射下，由于水的比热容比石块大得多，因此在吸收相同热量后，升温较快；同时，遍布葡萄沟中的绿色植物在发生蒸腾作用时，也会吸收热量，使周围气温降低。因此葡萄沟中相对火焰山上清爽得多。

　　什么是热容呢？

一、认识概念

1. 热容

　　定义：在无非体积功且不发生相变和化学变化的情况下，物质升高 1 K 所需的热量称为热容。

　　符号：C。

　　单位：$J \cdot K^{-1}$。

　　公式：$C = \dfrac{\delta Q}{dT}$。

热容

2. 摩尔热容

　　定义：热容的数值与系统中物质的数量有关，因此常用摩尔热容来表示。

　　符号：C_m。

　　单位：$J/(mol \cdot K)$。

　　公式：$C_m = \dfrac{C}{n}$。

3. 摩尔定容热容

　　定义：1 mol 物质在恒容且 $W' = 0$ 的条件下，温度升高 1 K 所需的热量，称为摩尔定容（恒容）热容。

　　符号：$C_{V,m}$。

　　单位：$J/(mol \cdot K)$。

公式:
$$C_{V,m} = \frac{C_V}{n} = \frac{1}{n}\frac{\delta Q_V}{dT} = \frac{1}{n}\left(\frac{\partial U}{\partial T}\right)_V \qquad (1-30)$$

$$Q_V = \Delta U = n\int_{T_1}^{T_2} C_{V,m}dT \qquad (1-31)$$

4. 摩尔定压热容

定义: 1 mol 物质在恒压且 $W' = 0$ 的条件下,温度升高 1 K 所需的热量,称为摩尔定压(恒压)热容。

符号: $C_{p,m}$。

单位: J/(mol·K)。

公式:
$$C_{p,m} = \frac{C_p}{n} = \frac{1}{n}\frac{\delta Q_p}{dT} = \frac{1}{n}\left(\frac{\partial H}{\partial T}\right)_p \qquad (1-32)$$

$$Q_p = \Delta H = n\int_{T_1}^{T_2} C_{p,m}dT \qquad (1-33)$$

5. 摩尔定压热容和摩尔定容热容之间的关系

理想气体的摩尔定压热容和摩尔定容热容之差为一常数,即
$$C_{p,m} - C_{V,m} = R \qquad (1-34)$$

液态、固态物质的摩尔体积随温度的变化可以忽略,即
$$C_{p,m} - C_{V,m} \approx 0 \qquad (1-35)$$

根据气体分子理论可知,单原子分子系统为
$$C_{V,m} = \frac{3}{2}R \qquad (1-36)$$

$$C_{p,m} = \frac{5}{2}R \qquad (1-37)$$

双原子分子系统为
$$C_{V,m} = \frac{5}{2}R \qquad (1-38)$$

$$C_{p,m} = \frac{7}{2}R \qquad (1-39)$$

二、热容在变温过程中的应用

理想气体的 ΔU 及 ΔH 的计算。

因为理想气体 $U = f(T)$, $H = f(T)$,所以在任何单纯 p、V、T 变化过程中,均可以使用 $C_{V,m}$ 和 $C_{p,m}$ 来计算 ΔU 和 ΔH,即
$$\Delta U = n\int_{T_1}^{T_2} C_{V,m}dT = nC_{V,m}(T_2 - T_1) \qquad (1-40)$$

$$\Delta H = n\int_{T_1}^{T_2} C_{p,m}dT = nC_{p,m}(T_2 - T_1) \qquad (1-41)$$

【实战演练 1-6】 将 3 mol He(g) 由 300 K 加热到 600 K。

(1)加热时体积不变。

(2)加热时压强不变。

分别求两过程的 Q，W，ΔU 和 ΔH。

解：1）恒容加热过程中，$W = 0$，

$$\Delta U = nC_{V,m}(T_2 - T_1) = 3 \times 1.5 \times 8.314 \times (600 - 300) = 11.2 \text{ kJ}$$

$$\Delta H = nC_{p,m}(T_2 - T_1) = 3 \times 2.5 \times 8.314 \times (600 - 300) = 18.7 \text{ kJ}$$

$$Q = \Delta U = 11.2 \text{ kJ}$$

2）恒压加热过程中，

$$\Delta U = nC_{V,m}(T_2 - T_1) = 3 \times 1.5 \times 8.314 \times (600 - 300) = 11.2 \text{ kJ}$$

$$\Delta H = nC_{p,m}(T_2 - T_1) = 3 \times 2.5 \times 8.314 \times (600 - 300) = 18.7 \text{ kJ}$$

$$Q = \Delta H = 18.7 \text{ kJ}$$

$$W = \Delta U - Q = \Delta U - \Delta H = 11.2 - 18.7 = -7.5 \text{ kJ}$$

由此说明，ΔU 和 ΔH 属于状态函数，数值与途径无关，同时计算公式适用于理想气体的 p，V，T 变化过程。

 素质拓展训练

计算题

（1）2 mol 某气体从 200 K 恒压加热到 500 K，已知该气体的 $C_{p,m} = 30$ J/(mol·K)，求此过程的 Q，W，ΔU，ΔH。

（2）1 mol 理想气体由 298 K，100 kPa 等温可逆压缩到 1 000 kPa，求该过程的 Q，W，ΔU，ΔH。已知该气体的 $C_{p,m} = 28.00$ J/(mol·K)。

任务六　热力学第一定律在简单 p，V，T 变化过程中的应用

案例导入

汽车发动机是热力学第一定律的经典应用之一。当汽车发动机燃烧燃料时，燃烧释放的能量被转化为热量，提高了发动机的温度。一部分热量通过散热传输给外界，另一部分热量被转化为对外做的功来驱动车辆。根据热力学第一定律，这个过程中的能量转化满足能量守恒的原则。

空调系统也是热力学第一定律的应用之一。当空调工作时，它会从室内吸收热量，通过制冷循环将热量传递给室外环境，从而使室内温度降低。在这个过程中，系统对外做的功推动制冷循环的运行。

地热能是一种可再生能源，其利用也依赖于热力学第一定律。其可以利用地下的热能来供暖或产生电力。当地热能被转化为热量或电能时，热力学第一定律保证能量的守恒。通过科学的开采和利用地热能源，可以减少对化石燃料的依赖，有利于保护环境。

一、单一过程

表 1-6 所示为不同过程下 W，Q，ΔU，ΔH 的值。

表 1-6 不同过程下 W, Q, ΔU, ΔH 的值

过程	W	Q	ΔU	ΔH
恒温过程	$-nRT\ln\dfrac{V_2}{V_1}$	$-W$	0	0
恒压过程	$-Q$	ΔH	$nC_{V,m}(T_2-T_1)$	$nC_{p,m}(T_2-T_1)$
恒容过程	0	ΔU	$nC_{V,m}(T_2-T_1)$	$nC_{p,m}(T_2-T_1)$
绝热过程	ΔU	0	$nC_{V,m}(T_2-T_1)$	$nC_{p,m}(T_2-T_1)$

【实战演练 1-7】 1 mol 理想气体，在 298 K 时，从 500 kPa 可逆膨胀到 100 kPa，计算该过程的 Q，W，ΔU 和 ΔH。

解：系统的始态、终态可表示如下。

单一过程热的计算

根据题意该过程为恒温可逆膨胀。

$$\Delta U = 0, \quad \Delta H = 0$$

$$W = -nRT\ln\frac{V_2}{V_1} = -nRT\ln\frac{p_1}{p_2} = -1\times8.314\times298\ln\frac{500}{100} = -4.0 \text{ kJ}$$

$$Q = -W = 4.0 \text{ kJ}$$

【实战演练 1-8】 乙烯压缩机的入口温度、压强分别为 200 K，101.325 kPa，出口温度、压强分别为 400 K，192.518 kPa。如果此过程可看作是绝热过程，气体可近似看作是理想气体，试计算每压缩 1 mol 乙烯的 Q，W，ΔU 和 ΔH。已知在此温度区间内 $C_{p,m}(C_2H_2，g) = 35.84$ J/(mol·K)。

解：系统的始态、终态可表示如下。

因为过程绝热，所以

$$Q = 0$$

$$C_{V,m} = C_{p,m} - R = 35.84 - 8.314 = 27.526 \text{ J/(mol·K)}$$

$$\Delta U = nC_{V,m}(T_2 - T_1) = 1\times27.526\times(400-200) = 5\,505.2 \text{ J}$$

$$\Delta H = nC_{p,m}(T_2 - T_1) = 1\times35.84\times(400-200) = 7\,168 \text{ J}$$

$$W = \Delta U = 5\,505.2 \text{ J}$$

二、连续过程

【实战演练1-9】 1 mol 理想气体于 298.15 K，100 kPa 状态下受某恒定外压恒温压缩到平衡，再由该状态恒容升温至 398.15 K，则压强升到 500 kPa，求整个过程的 Q，W，ΔU 和 ΔH。已知该气体的 $C_{V,\mathrm{m}} = 20.92$ J/(mol·K)。

解： 本题过程可表示如下。

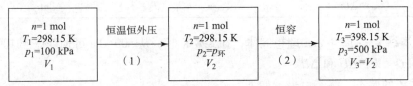

由于 ΔU 和 ΔH 属于状态函数，因此变化值只与始态和终态有关，即

$$\Delta U = nC_{V,\mathrm{m}}(T_3 - T_1) = 1 \times 20.92 \times (398.15 - 298.15) = 2\,092 \text{ J}$$

$$\Delta H = nC_{p,\mathrm{m}}(T_3 - T_1) = 1 \times (20.92 + 8.314) \times (398.15 - 298.15) = 2\,923.4 \text{ J}$$

由于 W 和 Q 属于过程函数，数值与途径有关，因此需要分别计算。

根据理想气体状态方程 $pV = nRT$，始态中的

连续过程热的计算

$$V_1 = \frac{nRT_1}{p_1} = \frac{1 \times 8.314 \times 298.15}{100} = 24.79 \text{ L}$$

过程（2）为恒容条件下，根据理想气体状态方程可知，p 与 T 成正比。

$$\frac{p_2}{p_3} = \frac{T_2}{T_3}$$

$$p_2 = \frac{298.15}{398.15} \times 500 = 374.42 \text{ kPa}$$

$$V_2 = V_3 = \frac{nRT_3}{p_3} = \frac{1 \times 8.314 \times 398.15}{500} = 6.62 \text{ L}$$

过程（1）中，

$$W_1 = -p_{\text{环}}(V_2 - V_1) = -374.42 \times (6.62 - 24.79) = 6\,803.2 \text{ J}$$

过程（2）为理想气体恒容升压过程，故有 $W_2 = 0$。

所以

$$W = W_1 + W_2 = 6\,803.2 \text{ J}$$

根据热力学第一定律得知，

$$\Delta U = Q + W$$

所以

$$Q = \Delta U - W = 2\,092 - 6\,803.2 = -4\,711.2 \text{ J}$$

 素质拓展训练

1 mol 理想气体由 202.65 kPa，10 dm³ 恒容升温，压强增大到 2 026.5 kPa，再恒压压缩至体积为 1 dm³，求整个过程的 Q，W，ΔU 和 ΔH。

解：本题过程表示如下。

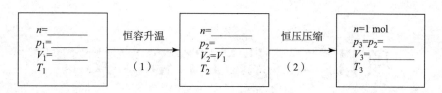

由理想气体状态方程 $pV = nRT$ 可知，$T = \dfrac{pV}{nR}$，$T_1 =$ _____，$T_2 =$ _____，$T_3 =$
_____。

根据结果可知始终态应该为等温过程，连续过程先求状态函数，则整个过程 $\Delta U =$
_____，$\Delta H =$ _____。

过程（1）为恒容过程，则 $W_1 =$ _____，$Q_1 = \Delta U_1 = nC_{V,m}(T_2 - T_1) =$ _____。

过程（2）为恒压过程，则 $W_2 = -p_2(V_3 - V_2) = -nR(T_3 - T_2) =$ _____，$Q_2 = \Delta H_2 =$
$C_{V,m}(T_3 - T_2) =$ _____。

所以 $W = W_1 + W_2 =$ _____，$Q = Q_1 + Q_2 =$ _____。

项目二 热力学第二定律

知识目标

1. 能够解释并扩展化学反应熵变。
2. 能够建立熵、亥姆霍兹函数和吉布斯自由能之间的内在联系。
3. 掌握热力学第二定律的经典表述。
4. 理解克劳修斯不等式和熵增加原理。
5. 能够复述热力学第三定律。

能力目标

1. 能够参与课堂讨论，表述热力学第二定律。
2. 能够区分及归纳不同过程下的熵、焓、吉布斯自由能的计算。
3. 能够独立发现、分析和解决生产实际中较常规的热力学问题。
4. 能够计算等温过程、化学反应过程 ΔG。
5. 能够通过熵判据、亥姆霍兹函数和吉布斯函数改变量判断过程的方向性。

素质目标

1. 培养学生团队合作、交流沟通、组织协调、包容与批评的能力。
2. 培养学生批判性思维，提高学生的独立思考能力，避免盲目接受信息。
3. 培养学生关注与化学有关的社会问题，能珍惜资源、爱护环境、合理使用化学物质。

任务一　自发过程

问题引入

自然界中水总是自发地从高处往低处流，直到各处的水位相等，却不会由低处向高处流。

热量总是自发地从高温物体传向低温物体，直到温度相等。

浓度不同的溶液会自发由浓向稀的方向扩散，直到最后浓度均匀。

以上现象都属于自发过程。

一、自发过程的定义

自动发生变化的过程，无须外力帮助，即可发生变化，逆过程不能自动发生。

自发过程

二、自发过程的特征

自发过程的特征如表 2 – 1 所示。

表 2 – 1　自发过程的特征

过程	自动进行的方向	推动力	限度	做功能力	逆过程
热传导	高温物体→低温物体	ΔT	$\Delta T = 0$	热机	制冷机
气流	高压状态→低压状态	Δp	$\Delta p = 0$	汽轮机发电	压缩机
水流	高处→低处	Δh	$\Delta h = 0$	水轮机发电	水泵
化学变化	$Zn + CuSO_4 \Longrightarrow ZnSO_4 + Cu$		化学平衡	原电池	电解池

自发过程的特征总结如下：
(1) 单向性且具有一定的限度。
(2) 具有做非体积功的本领。
(3) 自发过程是不可逆过程。

三、热力学第二定律的经典表述

1. 开尔文(Kelvin)说法

热力学第二定律

不可能从单一热源吸取热使之全部转化为功而不引起其他变化。

断定热与功不是完全等价的，功可以无条件 100% 地转化为热，但热不能 100% 无条件地转化为功。

威廉·汤姆森(William Thomson)(1824 年 6 月 26 日—1907 年 12 月 17 日)，第一代开尔文男爵，又称开尔文勋爵(Lord Kelvin)。英国的数学物理学家、工程师，也是热力学温标(绝对温标)的发明人，被称为热力学之父，如图 2 – 1 所示。

图 2 – 1　威廉·汤姆森

2. 克劳修斯(Clausius)说法

不可能把热从低温物体传递给高温物体而不引起其他变化。

鲁道夫·尤利乌斯·埃马努埃尔·克劳修斯(1822年1月2日—1888年8月24日)，德国物理学家、数学家，热力学的主要奠基人之一。生于普鲁士的克斯林(今波兰科沙林)，卒于波恩，如图2-2所示。他重新陈述了萨迪·卡诺的定律(又称卡诺循环)，把热理论推至一个更真实、更健全的基础。

图2-2 克劳修斯

四、卡诺循环

1824年，法国工程师卡诺(Carnot)分析了热机工作的基本过程，设计了一部在两个定温热源间工作的理想热机。此热机以理想气体为工作介质，工作过程是一个四步可逆循环：恒温可逆膨胀、绝热可逆膨胀、恒温可逆压缩、绝热可逆压缩。这个循环工作过程称为卡诺循环，如图2-3所示。

恒温可逆膨胀 $(p_1V_1T_1) \rightarrow (p_2V_2T_1)$，即

$$\Delta U_1 = 0, \quad W_1 = -Q_1 = -nRT_1\ln\frac{V_2}{V_1}$$

绝热可逆膨胀 $(p_2V_2T_1) \rightarrow (p_3V_3T_2)$，即

$$Q_2 = 0, \quad W_2 = \Delta U_2 = nC_{V,m}(T_2 - T_1)$$

恒温可逆压缩 $(p_3V_3T_2) \rightarrow (p_4V_4T_2)$，即

$$\Delta U_3 = 0, \quad W_3 = -Q_3 = -nRT_2\ln\frac{V_4}{V_3}$$

绝热可逆压缩 $(p_4V_4T_2) \rightarrow (p_1V_1T_1)$，即

$$Q_4 = 0, \quad W_4 = \Delta U_4 = nC_{V,m}(T_1 - T_2)$$

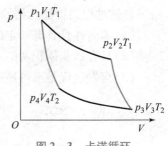

图2-3 卡诺循环

热机效率：工作介质对环境所做功的绝对值与从高温热源吸收的热量的比值。
由卡诺热机的工作原理及其效率可以得到

$$\eta = \frac{-W}{Q_1} = \frac{|W|}{Q_1} = \frac{Q_1 + Q_2}{Q_1} = \frac{T_1 - T_2}{T_1}$$

卡诺循环结论如下：
(1)卡诺循环后系统复原，系统从高温热源吸热部分转化为功，其余的热流向低温热源。热机效率 $\eta < 1$。
(2)卡诺热机效率只与热源的温度 T_1，T_2 有关，两热源温差越大，热机效率越高。
(3)卡诺循环为可逆循环，卡诺热机为可逆热机，可逆过程 W 值最大，因此所有工作于同样温度的高温热源与低温热源间的热机以可逆热机效率为最高。

一、判断题

(1) 根据热力学第二定律，功可以全部转变为热，热不能全部转变为功。　　（　）

(2) 卡诺热机的效率仅取决于两个热源的温度，与工作物质无关。　　　　（　）

二、选择题

(1) 以下现象中可以用热力学第二定律解释的是（　　）。

A. 冬天，房间里的暖气使房间变暖

B. 夏天，冰箱里的食物保持低温

C. 水从高处流向低处

D. 太阳能电池板将太阳能转化为电能

(2) 以下关于热力学第二定律的描述中，正确的是（　　）。

A. 热量可以从低温物体传递到高温物体，而不引起其他变化

B. 在一个封闭系统中，一个过程如果自发地进行，那么它的熵一定增加

C. 可以从单一热源吸收热量，并使之全部变为功，而不引起其他变化

D. 在任何自然过程中，一个孤立系统的总熵可能减少

任务二　熵　函　数

案例导入

　　燃烧煤、石油，从热力学第一定律来看，能量不会消失，也就不可能有能源危机。但是如果从热力学第二定律来看这一切，就会使人担心。燃烧资源，其结果是世界的熵无情地增加，它所存储能量的"质"随之衰退，并向空间弥散，于是人们把自己带进了能源危机之中。人们要做的不是保住能源的数量，而是要珍惜它的"质"，应该合理使用能量，降低熵的产生，提高能量的利用效率，并不断开发新能源。能源作为经济社会发展的重要物质基础，对国家繁荣发展、人民生活改善、社会长治久安至关重要。党的二十大报告中习近平总书记指出：立足我国能源资源禀赋，坚持先立后破，有计划分步骤实施"碳达峰"行动。深入推进能源革命，加强煤炭清洁高效利用，加快规划建设新型能源体系，积极参与应对气候变化全球治理。

一、熵的概念

　　在卡诺循环过程中，得到

$$\frac{Q_1}{T_1} + \frac{Q_2}{T_2} = 0 \qquad (2-1)$$

熵

$\dfrac{Q}{T}$ 称为过程的热温熵，式（2-1）表明卡诺循环的热温熵之和等于零。

把卡诺循环的结果推广到任意的可逆循环，这里的所谓任意是指在过程中，系统可以发生任何物理或化学变化，并允许与环境中多个热源有热的传递。

用若干彼此排列极为接近的绝热线和等温线把整个封闭曲线（即任意可逆循环）划分为很多个小的卡诺循环。对于每个小的卡诺循环都有下列关系：

$$\frac{\delta Q_1}{T_1} + \frac{\delta Q_2}{T_2} = 0 \tag{2-2}$$

$$\frac{\delta Q_3}{T_3} + \frac{\delta Q_4}{T_4} = 0 \tag{2-3}$$

式(2-2)与式(2-3)相加，则得

$$\sum_i \left(\frac{\delta Q_i}{T_i}\right)_r = 0$$

式中　r——可逆。

如图2-4所示，每一个卡诺循环都取无限小，且前一个循环的绝热可逆膨胀线在下一循环里恰为绝热可逆压缩线。在每一条绝热线上，过程都沿正、反方向各进行一次，其功彼此抵消（图2-4中以虚线表示），所有无限小的卡诺循环的总效应与图2-4中的封闭曲线相当。

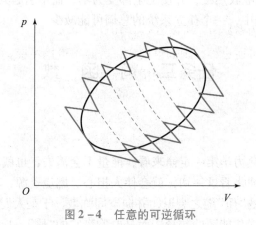

图2-4　任意的可逆循环

任意一个可逆循环可以用无限多个无限小的卡诺循环的总和来代替。因此，对于任意的可逆循环，其热温熵的总和也可以用式(2-1)表示，或者写作

$$\oint\left(\frac{\delta Q}{T}\right) = 0 \tag{2-4}$$

式中　$\oint$——环程积分。

任意可逆过程的热温熵取决于过程的始态、终态，而与变化所经历的途径无关。所以这个热温熵具有状态函数的性质，将此状态函数取名为熵，以符号 S 表示，单位为 $J \cdot K^{-1}$。

熵是状态函数，只能用可逆过程的热温熵来衡量它的变化；熵是广度性质，系统的熵为系统各部分熵的总和。

二、克劳修斯不等式

根据卡诺定理，对于不可逆热机有 $\dfrac{Q_1 + Q_2}{Q_2} < \dfrac{T_2 - T_1}{T_2}$。

同理可以推出：不可逆（ir 表示不可逆）循环的热温熵之和小于零。

克劳修斯不等式引进的不等号，在热力学上可以作为过程方向与限度的判据。

$$\Delta S \begin{cases} > \sum\limits_{A}^{B} \dfrac{\delta Q}{T}, & \text{不可逆过程} \\[3mm] = \sum\limits_{A}^{B} \dfrac{\delta Q}{T}, & \text{可逆过程} \\[3mm] < \sum\limits_{A}^{B} \dfrac{\delta Q}{T}, & \text{不能发生，否则违反热力学第二定律} \end{cases} \tag{2-5}$$

式（2-5）可以作为过程方向与限度的共同判据，通常把该式称为热力学第二定律的数学表达式。

三、熵增加原理

对于绝热系统，因为 $\delta Q = 0$，所以 $\Delta S_{绝热} \geqslant 0$。

绝热系统若经历不可逆过程，则熵值增加；若经历可逆过程，则熵值不变。因此，绝热系统的熵值永不减少，这一结论称为熵增加原理。

$$\Delta S_{绝热} \begin{cases} > 0, & \text{不可逆过程} \\ = 0, & \text{可逆过程} \\ < 0, & \text{不可能发生过程} \end{cases}$$

因绝热可逆过程熵不变，故称为恒熵过程。

对于隔离系统中发生的变化有 $\Delta S_{隔离} \geqslant 0$。

因为外界不能干扰隔离系统，所以隔离系统中若发生不可逆过程则必定是自发的。

$$\Delta S_{隔离} \begin{cases} > 0, & \text{自发过程} \\ = 0, & \text{平衡（可逆过程）} \\ < 0, & \text{不可能发生过程} \end{cases}$$

由此可知，隔离系统中，自发过程总是向着熵增加的方向进行，达到平衡时，熵值达到最大，此时其中的任何过程都是可逆的。即一个隔离系统的熵永不减少，这也是熵增加原理的另一种说法。

四、熵的物理意义

熵是衡量系统混乱度的一种量度。熵增加过程是系统混乱度增加的过程。当物质处于固态时，分子（或原子、离子等）大致固定在晶格上，其运动形式基本上只有振动，转动和转移都很弱。当物质变为液态时，分子不再固定在一个位置上，可以自由地转动，并且可以相对移动，但是分子间相互靠得很紧。当物质变为气体时，分子的移动大为增强，分子更为杂乱地在比液体和固体大得多的空间里运动。显然，从固体到液体再到气体，分子混乱程度依次增加，其熵值也依次增大。当系统的温度升高时，必然引起系统中物质分子热运动的加剧，致使分子混乱程度增加，其熵值增加。对于气体，若等温下压强降低，则体积增大，分子在增大的空间里运动就更为混乱，故熵值也增大。不同气体在等温等压下混合后，相当于每种分子都在更大的空间里运动，因此混乱程度增加，其熵值也增大。大量例子表明，系统混乱程度的增加，都伴随着熵值增加。

五、热力学第三定律

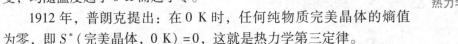

1906 年，能斯特提出假定：凝聚系统中任何等温化学反应的熵变，均随温度趋于 0 K 而趋于零。

热力学第三定律

1912 年，普朗克提出：在 0 K 时，任何纯物质完美晶体的熵值为零，即 S^*（完美晶体，0 K）$=0$，这就是热力学第三定律。

小知识：完美晶体是指晶体内部无任何缺陷，质点形成完全有规律的点阵结构，而且质点均处于最低能级。例如，NO 分子晶体中分子的规则排列顺序应为 NONONO…，但若有的分子反向排列成 NONOON…，则前者为完美晶体，后者不是完美晶体。

1. 规定熵和标准熵

以热力学第三定律的完美晶体为相对标准，求得一定温度、压强下 1 mol 某聚集状态纯物质 B 的熵值，称为物质 B 的规定摩尔熵，简称规定熵。如果指定的状态为温度 T 时的标准态，则 1 mol 纯物质的规定熵称为标准摩尔熵，用符号 $S_m^\ominus(B, \beta, T)$ 表示，单位是 J/(mol·K)，其中 B 表示物质；β 表示相态；T 表示热力学温度。

2. 化学反应熵变的计算

从附录 A 中可以查到物质 B 在 298.15 K 时的标准摩尔熵 $S_m^\ominus(B, \beta, T)$，有了标准摩尔熵的数据，则在温度 T 时化学反应的标准摩尔熵为

$$\Delta_r S_m^\ominus(T) = \sum_B v_B S_m^\ominus(B, \beta, T) \tag{2-6}$$

由于附录 A 中所给的标准摩尔熵是 298.15 K 时的数据，则由式（2-6）可以求得 $\Delta_r S_m^\ominus(298.15 \text{ K})$。若反应在其他温度 T 下进行，并且参与反应的各物质在 298.15 K ~ T 之间无相变，则可以利用某已知 $\Delta_r S_m^\ominus(T_1)$ 求出任意温度下反应的标准摩尔熵 $\Delta_r S_m^\ominus(T_2)$，即

$$\Delta_r S_m^\ominus(T_2) = \Delta_r S_m^\ominus(T_1) + \int_{T_1}^{T_2} \frac{\Delta_r C_{p,m}}{T} dT \tag{2-7}$$

其中

$$\Delta_r C_{p,m} = \sum_B v_B C_{p,m}(B, \beta) \tag{2-8}$$

当 $\Delta_r C_{p,m}$ 为常数时，式（2-7）可写成

$$\Delta_r S_m^\ominus(T_2) = \Delta_r S_m^\ominus(T_1) + \Delta_r C_{p,m} \ln \frac{T_2}{T_1} \tag{2-9}$$

【实战演练 2-1】 根据物质的标准摩尔熵计算化学反应在 298.15K，$p^\ominus$ 下的熵变。

$$CO(g) + 2H_2(g) =\!=\!= CH_3OH(l)$$

$$S_m^\ominus(CO, g, 298.15 \text{ K}) = 197.02 \text{ J/(mol·K)}$$

$$S_m^\ominus(H_2, g, 298.15 \text{ K}) = 130.68 \text{ J/(mol·K)}$$

$$S_m^{\ominus}(CH_3OH, l, 298.15\ K) = 126.8\ J/(mol \cdot K)$$

解：$\Delta_r S_m^{\ominus}(298.15\ K) = \sum_B v_B S_m^{\ominus}(B, 298.15\ K)$

$= S_m^{\ominus}(CH_3OH, l, 298.15\ K) - S_m^{\ominus}(CO, g, 298.15\ K) - 2 \times S_m^{\ominus}(H_2, g, 298.15\ K)$

$= 126.8 - 197.02 - 2 \times 130.68 = -331.58\ J/(mol \cdot K)$

 素质拓展训练

一、选择题

(1) 某气体进行不可逆循环过程的熵变为(   )。

A. $\Delta S_{系} = 0$，$\Delta S_{环} = 0$　　　　　　　B. $\Delta S_{系} = 0$，$\Delta S_{环} > 0$

C. $\Delta S_{系} > 0$，$\Delta S_{环} = 0$　　　　　　　D. $\Delta S_{系} > 0$，$\Delta S_{环} > 0$

(2) 熵是一个描述(   )的物理量。

A. 热量　　　　　　　　　　　　　　B. 能量

C. 混乱度或无序度　　　　　　　　　D. 速度

(3) 以下过程中(   )会导致熵的增加。

A. 水从液态变为固态

B. 热量从高温物体传递到低温物体

C. 气体被压缩到一个更小的空间

D. 太阳能电池将光能转化为电能

(4) 根据热力学第二定律，以下说法中(   )是正确的。

A. 热量可以从低温物体自发地传递到高温物体

B. 在封闭系统中，熵永远不会减少

C. 机器可以无限制地转换效率为100%

D. 所有物理过程都是可逆的

二、判断题

(1) 熵增加的过程不一定是自发过程。　　　　　　　　　　　　　　(   )

(2) 系统的混乱度增加，则其熵值减小。　　　　　　　　　　　　　(   )

(3) 一个隔离系统的熵永不减少。　　　　　　　　　　　　　　　　(   )

(4) 在孤立系统中，一个自发的过程熵总是向减少的方向进行。　　　(   )

(5) 热力学第二定律的微观实质是熵是增加的。　　　　　　　　　　(   )

任务三　熵变的计算

案例导入

以汽车发动机为例，汽车发动机将燃料中的化学能转化为机械能来驱动车辆。在这个过程中，熵的增加是不可避免的。通过优化发动机的设计和工作条件，可以尽量减少熵的增加，提高能源利用效率。

以太阳能电池板的应用为例，太阳能电池板将太阳能转化为电能。通过改进电池板的材料和结构，可以提高太阳能的转化效率，并减少能量的浪费和熵的增加。

简单 p，V，T
变化过程

一、简单 p，V，T 变化过程

1. 恒容变温过程

$$\Delta S = nC_{V,m}\ln\frac{T_2}{T_1} \tag{2-10}$$

$$C_{V,m} = 常数$$

2. 恒压变温过程

$$\Delta S = nC_{p,m}\ln\frac{T_2}{T_1} \tag{2-11}$$

$$C_{p,m} = 常数$$

3. 理想气体恒温过程

$$\Delta S = nR\ln\frac{V_2}{V_1} \tag{2-12}$$

$$\Delta S = nR\ln\frac{p_1}{p_2} \tag{2-13}$$

4. 理想气体状态改变过程

$$\Delta S = nC_{p,m}\ln\frac{T_2}{T_1} + nR\ln\frac{p_1}{p_2} \tag{2-14}$$

$$\Delta S = nC_{V,m}\ln\frac{T_2}{T_1} + nR\ln\frac{V_2}{V_1} \tag{2-15}$$

【实战演练 2-2】 3 mol 单原子分子理想气体在等压条件下由 300 K 加热到 600 K，试求该过程的 W，Q，ΔU，ΔH 和 ΔS。

解：本题过程可表示如下。

$$\Delta U = nC_{V,m}(T_2 - T_1) = 3 \times \frac{3}{2} \times 8.314 \times (600-300) = 11.2\ \text{kJ}$$

$$\Delta H = nC_{p,m}(T_2 - T_1) = 3 \times \frac{5}{2} \times 8.314 \times (600-300) = 18.7\ \text{kJ}$$

本题过程为等压条件，则 $\qquad Q_p = \Delta H = 18.7\ \text{kJ}$

$$W = \Delta U - Q = 11.2 - 18.7 = -7.5\ \text{kJ}$$

$$\Delta S = nC_{p,m}\ln\frac{T_2}{T_1} = 3 \times \frac{5}{2} \times 8.314 \times \ln\frac{600}{300} = 43.2 \text{ J} \cdot \text{K}^{-1}$$

【实战演练2-3】 1 mol 单原子理想气体从始态 300 K、100 L，先恒容加热至 500 K，再恒压加热至体积增大到 200 L，求整个过程的 Q，W，ΔU，ΔH 和 ΔS。

解：本题过程可表示如下。

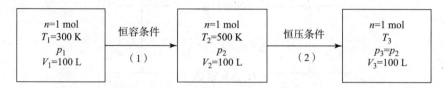

恒容条件下，则 $W_1 = 0$。

$$\Delta S_1 = nC_{V,m}\ln\frac{T_2}{T_1} = 1 \times \frac{3}{2} \times 8.314 \times \ln\frac{500}{300} = 6.37 \text{ J} \cdot \text{K}^{-1}$$

根据理想气体状态方程可知，状态(2)中

$$p_2 = \frac{nRT_2}{V_2} = \frac{1 \times 8.314 \times 500}{100} = 41.57 \text{ kPa}$$

恒压条件下，根据理想气体状态方程可知，V 与 T 成正比，则

$$\frac{T_2}{V_2} = \frac{T_3}{V_3}$$

$$T_3 = \frac{V_3}{V_2}T_2 = \frac{200}{100} \times 500 = 1\,000 \text{ K}$$

$$W_2 = -p(V_3 - V_2) = -nR(T_3 - T_2) = -1 \times 8.314 \times (1\,000 - 500) = -4.16 \text{ kJ}$$

$$\Delta S_2 = nC_{p,m}\ln\frac{T_3}{T_2} = 1 \times 2.5 \times 8.314 \times \ln\frac{1\,000}{500} = 14.41 \text{ J} \cdot \text{K}^{-1}$$

则

$$W = W_1 + W_2 = 0 - 4.16 = -4.16 \text{ kJ}$$

$$\Delta S = \Delta S_1 + \Delta S_2 = 6.37 + 14.41 = 20.78 \text{ J} \cdot \text{K}^{-1}$$

根据状态函数特征，ΔU 和 ΔH 只与始态和终态有关，则

$$\Delta U = nC_{V,m}(T_3 - T_1) = 1 \times \frac{3}{2} \times 8.314 \times (1\,000 - 300) = 8.73 \text{ kJ}$$

$$\Delta H = nC_{p,m}(T_3 - T_1) = 1 \times \frac{5}{2} \times 8.314 \times (1\,000 - 300) = 14.55 \text{ kJ}$$

$$Q = \Delta U - W = 8.73 - (-4.16) = 12.89 \text{ kJ}$$

二、纯物质的相变化过程

1. 可逆相变化过程

在平衡条件下的相变是可逆的相变化过程。因为过程是在等温、等压且 $W' = 0$ 的条件下进行的，所以

相变化过程

$$\delta Q_r = \mathrm{d}H，\quad 则 \quad \Delta_\alpha^\beta S = \frac{n\Delta_\alpha^\beta H_m}{T} \tag{2-16}$$

2. 不可逆相变化过程

在非平衡条件下的相变是不可逆的相变化过程，其熵变的计算需寻求可逆途径来进行计算，如图 2-5 所示。

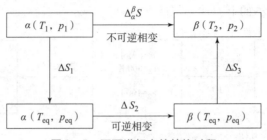

图 2-5   不可逆相变的转换过程

注：图中下标 eq 表示平衡。

$$\Delta_\alpha^\beta S = \Delta S_1 + \Delta S_2 + \Delta S_3$$

【实战演练 2-4】　已知水在 373 K 下的 $\Delta_{vap}H_m$ = 40.64 kJ·mol^{-1}，$H_2O(l)$ 和 $H_2O(g)$ 的 $\overline{C}_{p,m}$ 分别为 75.38 J/(mol·K) 和 33.6 J/(mol·K)。试求 1 mol 水蒸气在 373 K，101.325 kPa 下全部冷凝为水时的 ΔS。

解：在 373 K，101.325 kPa 下，属于可逆相变，则

$$\Delta S = \frac{n\Delta_g^l H_m}{T} = \frac{1 \times (-40.64 \times 10^3)}{373} = -108.95 \text{ J·K}^{-1}$$

 扩展资料

热力学第二定律的建立和表述

在生产实践中，法国人巴本发明了第一台蒸汽机，其后经瓦特改进的蒸汽机在 19 世纪得到了广泛应用。虽然蒸汽机在工业生产中起着越来越重要的作用，但是关于蒸汽机的理论却并未形成。人们在摸索和试验中不断改进着蒸汽机，虽然大量的失败和挫折一定程度上提高了机械效率，但人们始终不明白提高热机效率的关键是什么，以及效率的提高有没有界限，如果有，这个界限的值有多大……这些问题成为当时生产领域中的重要课题。

19 世纪 20 年代，法国陆军工程师卡诺（S. Carnot，1796—1832）从理论上研究了热机的效率问题。他在发表的论文"论火的动力"中提出了著名的"卡诺定理"，找到了提高热机效率的根本途径。但卡诺在当时是采用"热质说"的错误观点来研究问题的。19 世纪 50 年代，威廉·汤姆森（即开尔文勋爵）第一次读到了克拉佩龙的文章，对卡诺的理论留下了深刻的印象。

汤姆森注意到焦耳热功当量实验的结果和卡诺建立的热机理论之间有矛盾，焦耳的工作表明机械能转化为热，而卡诺的热机理论则认为热在蒸汽机里并不转化为机械能。本来汤姆森有可能立即从卡诺定理建立热力学第二定律，但他也因为没有摆脱"热质说"的羁绊而错过了首先发现热力学第二定律的机会。

就在汤姆森遇到研究瓶颈之际，克劳修斯于 1850 年率先发表了"论热的动力及能由此

推出的关于热本性的定律"，"热动说"重新审查了卡诺的工作，考虑到热传导总是自发地将热量从高温物体传给低温物体这一事实，得出了热力学第二定律的初次表述。后来历经多次简练和修改，逐渐演变为现行物理教科书中公认的"克劳修斯表述"——热量可以自发地从较热物体传递至较冷物体，但不能自发地从较冷物体传递至较热物体，即在自然条件下这个转变过程是不可逆的，要使热传递方向倒转，只有靠消耗功来实现。与此同时，开尔文也独立地从卡诺的工作中得出了热力学第二定律的另一种表述，后来演变为更精练的现行物理教科书中公认的"开尔文表述"——不可能从单一热源吸取热量使之完全转变为功而不产生其他影响。也就是说，自然界中任何形式的能都可以变成热，而热却不能在不产生其他影响的条件下完全变成其他形式的能。上述对热力学第二定律的两种表述是等价的，由一种表述的正确性完全可以推导出另一种表述的正确性。

汤姆森随后在1851年发表了"热的动力理论"，对热力学第二定律作了比克劳修斯更加明确的论述，可以说是他把热力学第二定律的研究引向了深入，然而他却公正地写道："我提出这些说法并无意于争夺优先权，因为首先发表用正确原理建立命题的是克劳修斯，他去年（指1850年5月）就发表了自己的证明……我只要求补充这样一句：恰好在我知道克劳修斯宣布或证明了这个命题之前，我也给出了证明。"热力学第二定律就此得以建立。

任务四 ΔG 的计算

一、亥姆霍兹函数

1. 定义式

$$A = U - TS$$

说明如下。
（1）A 是系统的状态函数，具有状态函数的通性。
（2）A 是系统的广度性质，具有加和性。
（3）A 的绝对值无法确定。
（4）A 的单位是 J 或 kJ。

2. 判据

亥姆霍兹函数可以理解为恒温条件下系统做功的本领。
在恒温恒容且不做非体积功的条件下，

$$\Delta A \begin{cases} <0, & \text{不可逆（自发）} \\ =0, & \text{可逆（平衡）} \end{cases}$$

亥姆霍兹函数和
吉布斯函数

3. 物理意义

封闭系统在恒温、恒容且 $W' = 0$ 的条件下，只能自动向系统亥姆霍兹函数 A 减少的方向进行，直到在该条件下的 A 达到最小，即 $\Delta A = 0$，则系统达到平衡。

二、吉布斯函数

1. 定义式

$$G = H - TS$$

说明如下。

（1）G 是系统的状态函数，具有状态函数的通性。

（2）G 是系统的广度性质，具有加和性。

（3）G 的绝对值无法确定。

（4）G 的单位是 J 或 kJ。

2. 判据

在恒温恒压且不做非体积功的条件下，

$$\Delta G \begin{cases} <0，\text{不可逆（自发）} \\ =0，\text{可逆（平衡）} \end{cases}$$

3. 物理意义

封闭系统在恒温、恒压且 $W' = 0$ 的条件下，只能自动向系统吉布斯函数 G 减少的方向进行，直到在该条件下的 G 达到最小，即 $\Delta G = 0$，则系统达到平衡。

三、公式介绍

根据定义式 $G = H - TS$ 可得，

$$\Delta G = \Delta H - T\Delta S \tag{2-17}$$

对于恒温恒压 $W' = 0$ 的可逆过程，

$$\Delta G = \int_{p_1}^{p_2} V\mathrm{d}p \tag{2-18}$$

若为理想气体，则

$$\Delta G = nRT\ln\frac{p_2}{p_1} \tag{2-19}$$

或

$$\Delta G = nRT\ln\frac{V_1}{V_2} \tag{2-20}$$

同理，可推得恒温过程中 ΔA 的计算公式，与式（2-19）和式（2-20）一样，说明理想气体恒温过程的 ΔA 和 ΔG 是相等的。

若为凝聚系统，体积受压强影响较小，可以看作是常数，则

$$\Delta G = V(p_2 - p_1) \tag{2-21}$$

【实战演练 2-5】 试比较 1 mol 水与 1 mol 水蒸气（可看作理想气体）在 298.15 K 由 100 kPa 增压到 1 000 kPa 时的 ΔG。（已知 1 mol 水的体积 $V = 0.018$ dm³。）

解：1 mol 水为凝聚系统，体积受压强影响较小，故 $V = 0.018$ dm³。

$$\Delta G(\mathrm{H_2O}, \mathrm{l}) = V(p_2 - p_1) = 0.018 \times (1\,000 - 100) = 16.2 \text{ J}$$

1 mol 水蒸气，看作理想气体时，

$$\Delta G(H_2O, g) = nRT\ln\frac{p_2}{p_1} = 1 \times 8.314 \times 298.15 \times \ln\frac{1\,000}{100} \approx 5\,707.7 \text{ J}$$

通过对比，可以发现 $\Delta G(H_2O, l)$ 远小于 $\Delta G(H_2O, g)$，即在恒温条件下，压强对凝聚系统的吉布斯函数的影响比对气体的影响要小得多，在气体、液体同时存在的系统中，可忽略液体的 ΔG，对结果影响不大。

【实战演练 2-6】 计算将 1 mol He 从 500 K，200 kPa 可逆膨胀至 500 K，100 kPa 的 Q，W，ΔU，ΔH，ΔS，ΔA 和 ΔG。（He 可视为理想气体。）

解：根据题意，本题过程可表示如下。

该过程为理想气体恒温可逆过程。

则
$$\Delta U = 0, \quad \Delta H = 0$$

$$W = nRT\ln\frac{p_2}{p_1} = 1 \times 8.314 \times 500 \times \ln\frac{100}{200} = -2\,881.4 \text{ J}$$

$$Q = -W = 2\,881.4 \text{ J}$$

$$\Delta S = nR\ln\frac{p_1}{p_2} = 1 \times 8.314 \times \ln\frac{200}{100} \approx 5.76 \text{ J} \cdot \text{K}^{-1}$$

$$\Delta G = \Delta A = W = -2\,881.4 \text{ J}$$

 素质拓展训练

一、计算题

2 mol 氮气由 300 K，400 kPa 恒温可逆压缩至 800 kPa，再恒压升温至 500 K，最后经恒容降温至 300 K，求该过程的 ΔG。

解：本题过程可表示如下。

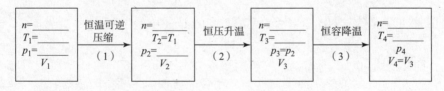

因为 G 为状态函数，所以变化值只与始末状态有关。

$T_1 = T_4 = 300$ K，属于等温过程。

根据公式 $\Delta G = nRT_4\ln\frac{p_4}{p_1}$ 即可进行计算，其中只有 p_4 为未知量。

过程（3）为恒容过程，根据理想气体状态方程，可知 p 与 T 成正比。

则 $\dfrac{p_3}{T_3} = \dfrac{p_4}{T_4}$，$p_4 = \dfrac{T_4}{T_3}p_3 = \underline{\qquad\qquad}$。

代入公式 $\Delta G = nRT_4 \ln \dfrac{p_4}{p_1} = \underline{\qquad\qquad}$。

二、选择题

(1)1 mol 300 K，100 kPa 下的理想气体，在外压恒定为 10 kPa 的条件下，恒温膨胀到体积为原来的 10 倍，此过程的 ΔG 为(　　　)。

A. 0 J　　　　　　　B. 19.1 J　　　　　　C. 5 743 J　　　　　D. $-5\,743$ J

(2)下列定义式中，表达正确的是(　　　)。

A. $G = H + TS$　　　B. $G = A + PV$　　　C. $A = U + TS$　　　D. $H = U - PV$

项目三　液态混合物和溶液

知识目标

1. 认识多组分系统热力学。
2. 能够解释拉乌尔定律和亨利定律。
3. 能够解释并运用稀溶液的依数性。
4. 认识分配定律和萃取。

能力目标

1. 能够运用拉乌尔定律、亨利定律计算溶液的蒸气压及组成。
2. 能够运用稀溶液依数性解释生活中的现象。
3. 能够计算萃取效率。

素质目标

1. 吃苦耐劳，勇于承担责任，具有环境保护意识和良好的组织纪律性。
2. 珍惜资源，爱护环境，合理使用化学物质。

任务一　多组分系统的表示方法

案例导入

董奎，既是博奥晶芯的盐溶液奠基者，也是呼吸道病原菌核酸检测试剂盒（RPD）量产的先驱者。其工匠宣言是"简单的事情重复做，重复的事情认真做"。2017 年 10 月，他投入 RPD 的生产工作。作为阵地的最前沿，他一边生产 RPD，一边组织带领班组持续探索在不改变工艺流程的前提下如何提高产品产量。2018 年 3 月，他首次提出碟片周转盒的合理化建议，为后期的工作提高了一倍的效率，节约了大量的时间成本，为试剂量产及相关产业发展提供了有效支撑。

一、溶液

定义：两种或两种以上物质彼此以分子或离子状态均匀混合所形成的体系。
分类：气态溶液、液态溶液、固态溶液。
组成：溶质和溶剂。

如果组成溶液的物质有不同的状态，通常将液态物质称为溶剂，气态或固态物质称为溶质。如果都是液态，则把含量多的一种称为溶剂，含量少的物质称为溶质。

二、组分 B 的 4 种表示方法

在混合物的组成中常用 B 来表示系统中的任意组分。

1. 组分 B 的质量分数 w_B

$$w_B = \frac{m_B}{\sum\limits_B m_B}$$

$$\sum\limits_B w_B = 1$$

式中 m_B——组分 B 的质量，单位为 kg；

$\sum\limits_B m_B$——系统总质量，单位为 kg；

w_B——组分 B 的质量分数，量纲为 1，以百分数形式表达。

2. 组分 B 的物质的量分数 x_B

$$x_B = \frac{n_B}{\sum\limits_B n_B}$$

$$\sum\limits_B x_B = 1$$

式中 n_B——组分 B 的物质的量，单位为 mol；

$\sum\limits_B n_B$——系统总物质的量，单位为 mol；

x_B——组分 B 的物质的量分数，量纲为 1，以小数形式表达。

3. 溶质 B 的物质的量浓度 c_B

$$c_B = \frac{n_B}{V}$$

式中 n_B——溶质 B 的物质的量，单位为 mol；

V——溶液的体积，单位为 m^3 或 L；

c_B——溶质 B 的物质的量浓度，常用单位为 $mol \cdot m^{-3}$ 或 $mol \cdot L^{-1}$。

4. 溶质 B 的质量摩尔浓度 b_B

$$b_B = \frac{n_B}{m_A}$$

式中 n_B——溶质 B 的物质的量，单位为 mol；

m_A——溶剂 A 的质量，单位为 kg；

b_B——溶质 B 的质量摩尔浓度，单位为 $mol \cdot kg^{-1}$。

注意：体积 V 是温度的函数，因此物质的量浓度 c_B 也与温度有关。相同组成的系统，温度不同时，c_B 也不同，c_B 常用在动力学或者化学平衡中。质量分数 w_B、NaCl 溶液的物质

的量分数 x_B、NaCl 溶液的质量摩尔浓度 b_B 均与温度无关，在处理热力学问题中，使用这些浓度表示方法更为方便。

将以上所学内容填入表 3 – 1 中。

表 3 – 1　多组分系统表示方法

表示方法	符号	公式	单位	表达形式
质量分数				
物质的量分数				
物质的量浓度				
质量摩尔浓度				

【**实战演练 3 – 1**】　在常温下取 NaCl 溶液 1 L，测得其质量为 15.85 g，将溶液蒸干，得 NaCl 固体 5.85 g。

求：（1）NaCl 溶液的质量分数；（2）NaCl 溶液中 NaCl 和 H_2O 的物质的量分数；（3）NaCl 溶液的物质的量浓度；（4）NaCl 溶液的质量摩尔浓度。

解：（1）NaCl 溶液的质量分数：

$$w(\text{NaCl}) = \frac{m(\text{NaCl})}{m(溶液)} \times 100\% = \frac{5.85}{15.85} \times 100\% = 36.91\%$$

（2）NaCl 溶液中 NaCl 和 H_2O 的物质的量：

$$n(\text{NaCl}) = \frac{m(\text{NaCl})}{M(\text{NaCl})} = \frac{5.85}{58.5} = 0.1 \text{ mol}$$

$$n(\text{H}_2\text{O}) = \frac{m(\text{H}_2\text{O})}{M(\text{H}_2\text{O})} = \frac{10}{18} = 0.56 \text{ mol}$$

则 NaCl 溶液中 NaCl 和 H_2O 的物质的量分数：

$$x(\text{NaCl}) = \frac{0.1}{0.1 + 0.56} = 0.15$$

$$x(\text{H}_2\text{O}) = 1 - 0.15 = 0.85$$

（3）NaCl 溶液的物质的量浓度：

$$c(\text{NaCl}) = \frac{n(\text{NaCl})}{V} = \frac{0.1}{1 \text{ L}} = 0.1 \text{ mol} \cdot \text{L}^{-1}$$

（4）NaCl 溶液的质量摩尔浓度：

$$b(\text{NaCl}) = \frac{n(\text{NaCl})}{m(\text{H}_2\text{O})} = \frac{0.1}{10 \times 10^{-3}} = 10 \text{ mol} \cdot \text{kg}^{-1}$$

 素质拓展训练

一、判断题

质量摩尔浓度的单位为 $\text{mol} \cdot \text{kg}^{-1}$。　　　　　　　　　　　　　　　　（　　）

二、简答题

简述溶液组成的四种表示方法。

任务二 气液组成的计算

问题引入

为什么开启易拉罐后，二氧化碳气体的溶解度会减小，从而导致它从饮料中释放出来？为什么当乘坐电梯上升或下降时，会感受到耳朵的堵塞感？

一、拉乌尔定律

1. 实验现象

纯溶剂与溶剂中加入非挥发性溶质蒸气压对比如图 3-1 所示。

（1）一定温度下，测得纯溶剂的饱和蒸气压为 p_A^*。

（2）相同温度下，在溶剂中加入非挥发性溶质，测得其上方蒸气压为 p_A。

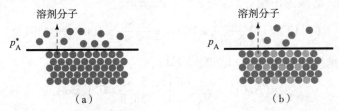

图 3-1 纯溶剂与溶剂中加入非挥发性溶质蒸气压对比

(a)纯溶剂；(b)溶剂中加入非挥发性溶质

2. 实验结论

向稀溶液中加入非挥发性的溶质，溶剂的蒸气压降低。

在归纳多次实验结果后，拉乌尔（Raoult）于 1887 年发表了拉乌尔定律，即稀溶液中，溶剂的蒸气压等于同温度下纯溶剂的饱和蒸气压与稀溶液中溶剂的物质的量分数的乘积。

3. 数学表达式

$$p_A = p_A^* x_A$$

式中　p_A——稀溶液中溶剂 A 的蒸气压，单位为 Pa；

　　　p_A^*——纯溶剂 A 在相同温度下的饱和蒸气压，单位为 Pa；

　　　x_A——稀溶液中溶剂 A 的物质的量分数。

【公式延伸】　若溶液中只有 A，B 两种组分，则可知 $x_A + x_B = 1$。

$$p_A = p_A^*(1 - x_B) = p_A^* - p_A^* x_B$$

$$p_A^* - p_A = p_A^* x_B$$

$$\Delta p = p_A^* x_B$$

式中　Δp——稀溶液中溶剂蒸气压的下降值，单位为 Pa；

　　　p_A^*——纯溶剂 A 在相同温度下的饱和蒸气压，单位为 Pa；

　　　x_B——稀溶液中溶质 B 的物质的量分数。

拉乌尔定律和

理想液态混合物

拉乌尔定律也可以表示为，稀溶液中溶剂的蒸气压下降值 Δp 与纯溶剂在相同温度下的饱和蒸气压 p_A^* 之比等于溶质的物质的量分数，与溶质的种类无关。

【适用条件】

（1）稀溶液中的溶剂。

（2）理想液态混合物中的任一组分。

二、理想液态混合物

1. 定义

任一组分在全部浓度范围内都符合拉乌尔定律的溶液称为理想液态混合物。

举例如下。

同位素化合物：水—重水。

光学异构体：d – 樟脑—l – 樟脑。

结构异构体：邻二甲苯、间二甲苯、对二甲苯。

紧邻同系物：苯—甲苯、甲醇—乙醇。

2. 特征

（1）微观特征。

各组分的分子结构非常近似，分子体积相等。

各组分的分子间作用力与各组分的混合前纯组分的分子间作用力相等。

（2）宏观性质。

在恒温、恒压下由纯组分混合成理想液态混合物时，

$$\Delta_{\text{mix}} H = 0，\Delta_{\text{mix}} V = 0，\Delta_{\text{mix}} S > 0，\Delta_{\text{mix}} G < 0$$

3. 拉乌尔定律与理想液态混合物的应用

理想液态混合物的气 – 液平衡。

（1）蒸气压与液相组成的关系如下。

在一定温度下，由 A，B 组成的二组分理想液态混合物，

$$p_A = p_A^* x_A = p_A^* (1 - x_B)$$

$$p_B = p_B^* x_B$$

$$p = p_A + p_B = p_A^* + (p_B^* - p_A^*) x_B$$

$$x_B = \frac{p - p_A^*}{p_B^* - p_A^*}$$

（2）气相组成的计算。

道尔顿分压定律

$$p_B = p y_B$$

拉乌尔定律

$$p_B = p_B^* x_B$$

$$p y_B = p_B^* x_B$$

即

$$y_B = \frac{p_B^* x_B}{p}$$

【实战演练3-2】 在101.3 kPa，358K时，由甲苯(A)及乙苯(B)组成的二组分液态混合物可视为理想液态混合物，两液体达到气-液平衡。已知358 K时，纯甲苯和纯乙苯的饱和蒸气压分别为46.0 kPa和116.9 kPa，计算该理想液态混合物在101.3 kPa，358 K达到气-液平衡时的液相组成和气相组成。

解：

$$p = p_A + p_B = p_A^* + (p_B^* - p_A^*)x_B$$

$$x_B = \frac{p - p_A^*}{p_B^* - p_A^*} = \frac{101.3 - 46.0}{116.9 - 46.0} = 0.78$$

$$x_A = 1 - x_B = 1 - 0.78 = 0.22$$

$$y_B = \frac{p_B}{p} = \frac{p_B^* x_B}{p} = \frac{116.9 \times 0.78}{101.3} = 0.90$$

$$y_A = 1 - y_B = 1 - 0.90 = 0.10$$

三、亨利定律

亨利(Henry)在1803年根据实验总结出稀溶液的另一条重要经验定律——亨利定律，即在一定温度下，稀溶液中挥发性溶质B在平衡气相中分压 p_B 与其在溶液中物质的量分数 x_B 成正比。

亨利定律与
理想稀溶液

数学表达式：

$$p_B = k_{x,B} x_B$$

式中　$k_{x,B}$——以 x_B 表示浓度的亨利系数，单位为 Pa；

p_B——稀溶液中挥发性溶质B在平衡气相中的分压，单位为 Pa；

x_B——稀溶液中溶质B的物质的量分数。

根据溶液组成表达形式不同，亨利定律还可以用 c_B 和 b_B 来表示：

$$p_B = k_{c,B} c_B$$

式中　$k_{c,B}$——以 c_B 表示浓度的亨利系数，单位为 $Pa \cdot m^3 \cdot mol^{-1}$；

p_B——稀溶液中挥发性溶质B在平衡气相中的分压，单位为 Pa；

c_B——稀溶液中溶质B的物质的量浓度，单位为 $mol \cdot m^{-3}$。

$$p_B = k_{b,B} b_B$$

式中　$k_{b,B}$——以 b_B 表示浓度的亨利系数，单位为 $Pa \cdot kg \cdot mol^{-1}$；

p_B——稀溶液中挥发性溶质B在平衡气相中的分压，单位为 Pa；

b_B——稀溶液中溶质B的质量摩尔浓度，单位为 $mol \cdot kg^{-1}$。

将以上所学内容填入表3-2中。

表3-2　亨利定律的表达方式

组成表示	亨利定律	亨利系数	亨利系数的单位
x_B(物质的量分数)			
c_B(物质的量浓度)/(mol·m^{-3})			
b_B(质量摩尔浓度)/(mol·kg^{-1})			

【适用条件】亨利定律适用于理想稀溶液中的挥发性溶质。

注意：

（1）亨利系数的数值与溶质和溶剂的本性及温度、压强和浓度的单位有关，与溶质的饱和蒸气压不同。

（2）当几种气体溶于同一种溶剂中时，每一种气体可分别适用于亨利定律。

（3）温度不同，亨利系数不同。

（4）亨利定律只适用于溶质在气相和液相中分子形式相同的物质。例如，HCl 溶于苯中时，气相和液相中的 HCl 都处于分子状态，此时可以适用于亨利定律；但 HCl 溶于水中变为 H^+ 和 Cl^-，在气相中 HCl 是分子，这时就不适用于亨利定律。

四、理想稀溶液

1. 定义

理想稀溶液是指溶剂服从拉乌尔定律，而溶质服从亨利定律的无限稀的溶液。严格来讲这种溶液实际上是不存在的，但可以将极稀的实际溶液按理想稀溶液处理。

2. 应用

理想稀溶液的气 - 液平衡。

溶质 B 和溶剂 A 都挥发的二组分理想稀溶液，达到气 - 液平衡时，液相组成的计算。

溶剂的分压为

$$p_A = p_A^* x_A$$

溶质的分压为

$$p_B = k_{x,B} x_B$$

溶液的平衡蒸气总压为

$$p = p_A + p_B$$

$$p = p_A^* x_A + k_{x,B} x_B = p_A^* (1 - x_B) + k_{x,B} x_B$$

$$p = p_A^* + (k_{x,B} - p_A^*) x_B$$

气相组成的计算

$$x_B = \frac{p - p_A^*}{k_{x,B} - p_A^*}$$

道尔顿分压定律

$$p_B = p y_B$$

亨利定律

$$p_B = k_{x,B} x_B$$

$$p y_B = k_{x,B} x_B$$

即

$$y_B = \frac{k_{x,B} x_B}{p} = \frac{k_{x,B} x_B}{p_A^* (1 - x_B) + k_{x,B} x_B}$$

【实战演练 3 -3】　在 370. 3 K 时，在乙醇（B）和水（A）组成的理想稀溶液中，测得当 $x_B = 0.012$ 时，其蒸气总压为 1.01×10^5 Pa。已知该温度下纯水的饱和蒸气压 $p_A^* = 0.91 \times 10^5$ Pa，试求：乙醇在水中的亨利常数 $k_{x,B}$。

解：
$$p_A = p_A^* x_A = p_A^* (1 - x_B)$$

$$p_B = k_{x,B} x_B$$
$$p = p_A + p_B = p_A^* (1 - x_B) + k_{x,B} x_B$$

即
$$1.01 \times 10^5 = 0.91 \times 10^5 \times (1 - 0.012) + 0.012 k_{x,B}$$
$$k_{x,B} = 9.24 \times 10^5 \, \text{Pa}$$

 知识拓展

玻意耳定律的应用

玻意耳定律是热力学中的一个重要定律，用于描述气体在等温条件下压强与体积的关系。玻意耳定律是由英国化学家罗伯特·玻意耳在 1662 年提出的，它表明在恒定温度下，气体的压强与体积成反比。具体而言，当气体的温度保持不变时，如果将气体的体积减小 1/2，那么气体的压强将增加 1 倍；反之，如果将气体的体积增加 1 倍，那么气体的压强将减少 1/2。

玻意耳定律应用广泛，下面将从几个方面介绍其在不同领域的具体应用。

在工程领域，玻意耳定律是设计和运行压力容器的基础。压力容器是一种能够承受高压气体或液体的容器，如气瓶、锅炉等。根据玻意耳定律，当容器的体积减小时，容器内的压强将增加，因此在设计压力容器时需要考虑到所需的压强和体积之间的关系，以确保容器的安全运行。

在化学实验中，玻意耳定律也扮演着重要角色。例如，在气体收集实验中，常常使用气体收集瓶来收集气体。根据玻意耳定律，当将气体收集瓶的体积减小时，气体在瓶内的压强将增加，从而方便气体的收集。利用玻意耳定律，可以精确控制气体收集的速度和效率。

玻意耳定律在气象学中也有广泛应用。气象学家通过观测和分析大气压强的变化，可以预测天气的变化趋势。根据玻意耳定律，当气压升高时，气体的体积将减小，这意味着天气可能会变得晴朗或干燥；相反，当气压下降时，气体的体积将增大，这意味着天气可能会变得阴雨连绵。因此，玻意耳定律为气象学家提供了一种重要的工具来预测天气变化。

在生活中，玻意耳定律也有一些实际应用。例如，当乘坐电梯上升或下降时，会感受到耳朵的堵塞感。这是因为随着电梯升降，电梯内的气压也在变化。根据玻意耳定律，当电梯上升时，气体的体积减小，气压增大，导致耳腔内外产生气压差，从而引起耳朵的不适感。类似地，当飞机起飞或降落时，由于气压的变化，也会感到耳朵的不适。

玻意耳定律作为热力学中的重要定律，在工程、化学、气象学以及日常生活中都有着广泛应用。它不仅为科学家提供了研究气体行为的基础理论，也为工程师和设计师提供了设计和运行压力容器的依据，同时也帮助人们解释和理解一些日常生活中的现象。通过深入理解和应用玻意耳定律，可以更好地利用和控制气体，使其为人类社会的发展和进步做出更大的贡献。

一、选择题

（1）A，B 两液体的饱和蒸气压分别为 100 kPa 和 50 kPa，当 A，B 形成理想液体混合物且 $x_A = 0.50$ 时，平衡气相中 A 的物质的量分数为（　　）。

A. 1　　　　　　　B. 1/2　　　　　　　C. 2/3　　　　　　　D. 1/3

（2）下列气体溶于水中，（　　）不能用亨利定律。

A. N_2　　　　　　B. O_2　　　　　　　C. NO_2　　　　　　D. CO

（3）某温度下 $x_B = 0.120$ 的乙醇溶液蒸气压为 101.325 kPa，该温度下纯水的饱和蒸气压为 91.326 kPa，则亨利系数为（　　）kPa。

A. 83.3　　　　　　B. 753　　　　　　　C. 844　　　　　　　D. 174

二、判断题

（1）质量摩尔浓度的单位为 $mol \cdot kg^{-1}$。　　　　　　　　　　　　　　（　　）

（2）甲醇与乙苯可以看作是紧邻同系物，属于理想液态混合物。　　　　　（　　）

三、计算题

80 ℃时纯苯的蒸气压为 100 kPa，纯甲苯的蒸气压为 38.7 kPa。两液体可形成理想液态混合物。若有苯 – 甲苯的气 – 液平衡混合物，80 ℃时，气相中苯的物质的量分数 $y(苯) = 0.300$，求液相的组成。

任务三　分配系数的测定

案例导入

青霉素是一种强力的抗菌药物。1928 年，英国医学博士亚历山大·弗莱明在进行消灭伤口化脓的葡萄球菌实验时，发现一个培养皿里出现了一种叫霉菌孢子的微生物。这团青色霉菌具有极强的杀菌能力，被命名为青霉素。弗莱明也因为对青霉素的突出贡献而被尊称为"青霉素之父"。

青霉素的生产，用玉米发酵得到含青霉素的发酵液，以醋酸丁酯为溶剂，经过多次萃取得到青霉素的浓溶液。你知道什么是萃取，以及萃取的原理是什么吗？

一、分配定律

在一定温度下两种互不相溶的溶剂 α 和 β，溶质在两液层间达到平衡时，浓度之比为一常数，这种规律称为分配定律。这一定律是在 1891 年由能斯特发现的，表示为

$$K = \frac{c_B(\alpha)}{c_B(\beta)} \tag{3-1}$$

式中　$c_B(\alpha)$ ——溶质 B 在 α 中的平衡浓度；

$c_B(\beta)$ ——溶质 B 在 β 中的平衡浓度；

K——分配系数，影响因素有温度、压力、溶质及两种溶剂的性质。

注意：式（3-1）只适用于稀薄溶液，若溶液浓度较大，则应以活度代替浓度。

碘在二硫化碳和水的混合体系中达到平衡时，碘在二硫化碳相中的浓度是水相中的 418 倍。如果保持温度不变，再增加碘，倍数不变，说明碘在二硫化碳和水中的浓度都会增加。

如果溶质在两种溶剂中的分子状态不相同，例如，在 α 溶剂中以单分子形式存在，而在 β 溶剂中以 n 个分子缔合的形式存在，则分配定律的数学表达式为

$$\frac{c_\alpha}{\sqrt[n]{c_\beta}} = K'$$

或

$$\frac{c_\alpha^n}{c_\beta} = K \qquad\qquad (3-2)$$

式中 n——溶质在 β 溶剂中的缔合度；

c_β——缔合分子在 β 溶剂中的浓度。

式（3-2）取对数，则以 $\ln c_\beta$ 对 $\ln c_\alpha$ 作图，得一直线，直线斜率即为缔合度 n。

二、实验过程

实验过程具体内容如表 3-3 所示。

表 3-3　实验过程

实验名称	分配系数的测定		
实验试剂	苯甲酸（AR）、苯（AR）、NaOH（AR）、酚酞指示剂、蒸馏水（煮沸去除 CO_2 后）		
实验仪器	150 mL 磨口锥形瓶 4 个；200 mL 锥形瓶 8 个；2 mL，5 mL，25 mL，50 mL 移液管各 1 支；25 mL 碱式滴定管 1 支；150 mL 分液漏斗 4 个		
任务	具体实施		要求
	实施步骤	实验记录	
准备工作	新配制 0.05 mol·L^{-1} 的 NaOH 溶液，并准确标定其浓度	记录： NaOH 溶液的浓度 $c=$ _____	
	在已干燥并编号的 4 个分液漏斗中，用移液管各加入 50 mL 蒸馏水，分别加入 1.0 g，1.3 g，1.7 g，2.0 g 苯甲酸，再用移液管各加入 25 mL 苯，塞好塞子，轮流摇动，使其充分混合。如此摇动 0.5 h 后，静置几分钟，待系统清晰分层后，将下面的水层放入干燥的 150 mL 磨口锥形瓶中，苯层仍留在分液漏斗中，盖紧塞子，防止苯挥发	记录： 称量苯甲酸质量 $m_1=$ _____ $m_2=$ _____ $m_3=$ _____ $m_4=$ _____	

任务	具体实施		要求
	实施步骤	实验记录	
测定苯层中苯甲酸浓度	用移液管从苯层液体中吸取 2 mL 溶液于锥形瓶中，加入 25 mL 蒸馏水，在通风橱内加热至沸腾，冷却后，以酚酞为指示剂，用已标定好的 NaOH 溶液滴定至溶液刚刚出现粉红色，并在摇动下保持 30 s 不褪色。再取一份试样，重复测定，求平均值	记录：消耗的 NaOH 的体积 $V_1 = $ _____ $V_2 = $ _____ $\overline{V} = $ _____	重复步骤，依次测得 4 个分液漏斗中苯层和水层的数据，逐一求出所含苯甲酸的浓度
测定水层中苯甲酸浓度	用移液管从水层中吸取 5 mL 溶液于锥形瓶中，加入 25 mL 蒸馏水，以酚酞为指示剂，按上述方法用 NaOH 溶液滴定。重复进行滴定并求平均值	记录：消耗的 NaOH 的体积 $V_3 = $ _____ $V_4 = $ _____ $\overline{V} = $ _____	
结束工作	结束后倒掉废液，清理台面，洗净用具并归位。 关闭水源和电源总闸		1. 实验室安全操作。 2. 团队工作总结

三、实验结果

将所测定数据处理后填入表 3 - 4 中。

表 3 - 4　实验数据

编号 溶剂层		苯层			水层		
		$V(NaOH)$ /L	$c_{甲/苯}$/ $(mol \cdot L^{-1})$	$<c_{甲/苯}>$/ $(mol \cdot L^{-1})$	$V(NaOH)$ /L	$c_{甲/水}$/ $(mol \cdot L^{-1})$	$<c_{甲/水}>$/ $(mol \cdot L^{-1})$
1	(1)						
	(2)						
2	(1)						
	(2)						
3	(1)						
	(2)						
4	(1)						
	(2)						

$c_{甲/苯}$ 代表苯层中苯甲酸浓度，$<c_{甲/苯}>$ 代表苯层中两次测试结果的平均值，$c_{甲/水}$ 代表水层中苯甲酸浓度，$<c_{甲/水}>$ 代表水层中两次测试结果的平均值。

分别计算 $\dfrac{c_{甲/水}}{c_{甲/苯}}$，$\dfrac{c_{甲/水}^2}{c_{甲/苯}}$，$\dfrac{c_{甲/水}}{c_{甲/苯}^2}$，填入表 3 – 5 中。

表 3 – 5　计算结果

编号	$\dfrac{c_{甲/水}}{c_{甲/苯}}$	$\dfrac{c_{甲/水}^2}{c_{甲/苯}}$	$\dfrac{c_{甲/水}}{c_{甲/苯}^2}$
1			
2			
3			
4			

以 $\ln c_{甲/苯}$ 对 $\ln c_{甲/水}$ 作图，由直线斜率求出缔合分子数 n。

写出苯甲酸在苯 – 水系统的分配定律形式。

四、检查与评价

学生完成本项目实验的学习后，通过自评、小组互评来检查自己对本任务学习的掌握情况。指导教师在整个教学过程中，关注每个小组的检测过程及小组成员的动手能力，并对小组成员动手能力进行评价，学生对所学的各项任务进行抽签决定考核的内容。将具体的检查与评价填入表 3 – 6 中。

表 3 – 6　检查与评价

项目	评价标准	分值	学生自评	小组互评	教师评价
方案制定与准备	认真负责、一丝不苟地进行资料查阅，确定实验依据	10			
	协同合作制定方案并合理分工	5			
	相互沟通完成方案诊改	5			
	正确清洗及检查仪器	10			
实验测定	正确进行仪器准备	10			
	准确测量，规范操作	10			
	数据记录正确、完整、美观	10			
	正确计算结果，按照要求进行数据修约	10			
	规范编制检测报告	10			
结束工作	结束后倒掉废液，清理台面，洗净用具并归位	5			
	关闭仪器电源，清洗玻璃器皿并归位	10			
	文明操作，合理分工，按时完成	5			

从"天价"到"白菜价"的青霉素

1929 年弗莱明发表了青霉素论文，但该发现在医学上并没有多大用处，因为青霉素必须被提纯才能应用。由于技术受限，提纯大量青霉素难度极大。弗莱明在没有资金支持的情况下，四年后放弃了提纯青霉素的尝试。青霉素被存放在实验室里长达 8 年。第二次世界大战期间，伤兵无数，需要一种能治疗伤员传染病的杀菌药物。牛津大学的弗洛里和钱恩，在查到弗莱明的青霉素论文后，决定提纯青霉素。他们在 1939 年采用新的化学方式提纯青霉素，并在一年后成功进行了动物实验。牛津大学随后建立了一个小型工厂，开始小批量生产青霉素。

因为无法大量生产，青霉素的成本一直居高不下。这个情况直到 1943 年才有所改善，这一年美国农业部门在玉米上发现发酵的玉米浆中有大量的青霉素，从玉米上直接提取原料让青霉素实现了量产。青霉素在第二次世界大战期间成为三大发明（雷达、原子弹、青霉素）之一，挽救了无数美国盟军伤兵的生命。青霉素是抗生素家族的鼻祖，然而它的制造是一门生意，价格曾经昂贵得惊人。一支针剂类型的青霉素售价高达 200 美元，约合人民币 1600 元，1944 年更是被炒到 830 美元/g，是黄金价格的 670 倍，而这个价格对于当时的普通市民来说是天文数字。

如果一个人掉入河中并感染了肺结核，在当时是无药可救的。青霉素的应用被视为一条出路。然而，当时美国人将青霉素生产技术视为机密，有关青霉素的资料非常有限。中国科研人员只能凭借着片段的资料和信息进行尝试，对于青霉素菌株的发现也是一个极其困难的过程。中国的科研人员不像弗洛里那样在实验室里发现菌株，他们不得不去摸废旧的铁块、垃圾堆，甚至摸穿过的衣服和鞋子，时时刻刻都在与青霉素捉迷藏。1944 年，中国科研人员成功生产出了第一个青霉素试验品，接下来的问题是量产。

缺乏核心技术和合适的人才，使得青霉素工厂的建立步履维艰。在此时，张为申教授的加入成为青霉素工业发展的转折点。然而，在抗美援朝战争期间，原料的供应遭到美国封锁，迫切需要寻找替代品。张为申教授通过改善工艺技术，找到了棉籽饼和白玉米粉替代原料，成功解决了这一难题。此外，如何搭建一个完整的青霉素产业链条也成为发展的关键。中国得到了苏联的帮助，共同建立了华北制药厂，这也成为亚洲最大的抗生素工程项目。虽然遭遇了一系列问题，但中国靠着自身的努力，于 1958 年培育出了 XP – 58 – 01，成为中国第一株青霉素菌株。

最终，中国靠着自产菌种和原料、低廉的人力成本，成功占领了市场，并成为青霉素第一出口大国。青霉素，起初是比黄金还贵重的药物，但现如今却变得像白菜一样价格低廉。

五、分配定律的应用——萃取

1. 概念

选用与溶液中的溶剂不互溶的溶剂将溶质从溶液中提取出来的过程，称为萃取。
萃取时选用的溶剂称为萃取剂。

2. 原理

萃取是利用不同物质在选定溶剂中溶解度的不同分离固体或液体混合物中组分的方法。

3. 分类

萃取可分为液固萃取（也称浸取）和液液萃取。

分配定律和萃取

4. 公式计算

经 n 次萃取后，原溶液中所剩溶质 B 的质量为

$$m_n = m_0 \left(\frac{KV_1}{KV_1 + V_2} \right)^n$$

式中　m_n——经 n 次萃取后，原溶液中所剩溶质 B 的质量，单位为 kg；

　　　m_0——原溶液含有溶质 B 的质量，单位为 kg；

　　　K——分配系数；

　　　V_1——原溶液的体积，单位为 m^3；

　　　V_2——每次所加萃取剂的体积，单位为 m^3；

　　　n——萃取次数。

结论：萃取剂数量一定时，多次萃取比一次萃取的效率高。

【实战演练 3－4】　以 CCl_4 萃取 20 mL 水溶液中的碘单质，水中有碘 20 g，已知 I_2 在水中与 CCl_4 中的分配系数为 0.012，试比较用 40 mL CCl_4 一次萃取及分两次萃取，萃取出来的 I_2 的质量。

解：设水的体积为 V_1，CCl_4 的体积为 V_2。

（1）使用 40 mL CCl_4 一次萃取后，水中剩下的 I_2 的质量为 m_1，即

$$m_1 = m_0 \left(\frac{KV_1}{KV_1 + V_2} \right)^n = 20 \times \left(\frac{0.012 \times 20}{0.012 \times 20 + 40} \right)^1 = 0.119\ 3\ \text{g}$$

即使用 40 mL CCl_4 一次萃取后，萃取出来的 I_2 的质量为

$$20 - 0.119\ 3 = 19.880\ 7\ \text{g}$$

（2）使用 40 mL CCl_4 进行两次萃取，每次使用 20 mL CCl_4，即 $V_2' = 20$ mL，$n = 2$ 时，水中剩下的 I_2 的质量为 m_2，即

$$m_2 = m_0 \left(\frac{KV_1}{KV_1 + V_2'} \right)^n = 20 \times \left(\frac{0.012 \times 20}{0.012 \times 20 + 20} \right)^2 = 0.002\ 8\ \text{g}$$

即使用 40 mL CCl_4 分两次萃取后，萃取出来的 I_2 的质量为

$$20 - 0.002\ 8 = 19.997\ 2\ \text{g} \approx 20\ \text{g}$$

结论：同样使用 40 mL 萃取剂，一次萃取 I_2 的质量 19.880 7 g 小于两次萃取 I_2 的质量 19.997 2 g，由此证明萃取剂数量一定时，多次萃取比一次萃取的效率高。

5. 萃取剂的选择

选择的萃取用的溶剂应对产物有较大的溶解度和较好的选择性。

溶剂与被萃取液的互溶度要小，黏度低，界面张力适中，对相的分离有利。

溶剂的化学稳定性要高，两者沸点差要大，便于回收和再生。对于沸点接近或有共沸现象的液态混合物，可以用萃取的方法分离。

价格低廉，安全无毒，闪点高，常用的有乙酸乙酯、乙酸丁酯、丁醇。

例如，轻油裂解和铂重整产生的芳烃混合物的分离，常用二乙二醇醚为萃取剂。分离极难分离的金属（如锆和铪、钽和铌）使用的是磷酸三丁酯。此外，常用酯类溶剂萃取乙酸，用丙烷萃取润滑油中的石蜡。

萃取的优点如下。

（1）常温下操作。

（2）无相变化。

（3）选择适当溶剂可以获得较好的分离效果。

（4）大多数元素都可以用萃取法提取和分离。

（5）萃取方法先进、新颖，如超临界流体萃取。

6. 萃取与洗涤

萃取和洗涤都是利用物质在不同溶剂中的溶解度不同来进行分离和提纯。两者原理相同，但是目的不同，萃取是从混合物中提取所需要的物质；洗涤则是将混合物中的杂质通过洗涤的方式除去。

 知识拓展

萃取的应用

工业上，萃取是在塔中进行。塔内有多层筛板，萃取剂从塔顶加入，混合原料从塔下部输入。它们在上升与下降过程中可以充分混合，反复萃取。萃取的方式有单级萃取、多级错流萃取、多级逆流萃取。

一、在石油化工中的应用

随着石油化工的发展，液液萃取已广泛应用于分离各种有机物质。轻油裂解和铂重整产生的芳烃混合物的分离是重要的一例。该混合物中各组分的沸点非常接近，用一般的分离方法很不经济。工业上采用 Udex、Formex、Suifolane、Arosolvan、IFP 等方法进行萃取流程，对于难分离的乙苯体系，组分之间的相对挥发度接近于 1，用精馏方法不仅回流比大，塔板还高达 300 多块，操作费用极大。可采用萃取操作，以 $HF - BF_3$ 作萃取剂，从 C_8 馏分中分离二甲苯及其同分异构体。

Udex 法：由美国化学公司和 UOP 公司在 1950 年联合开发，最初用二乙二醇醚作溶剂，后来改进为三乙二醇醚和四乙二醇醚作溶剂，过程采用多段升液通道萃取器。苯的收率为 100%。

Formex 法：由意大利 SNAM 公司和 LRSR 石油加工部在 1971 年开发。用吗啉或 N - 甲酰吗啉作溶剂，采用转盘塔。芳烃总收率为 98.8%，其中苯的收率为 100%。

Suifolane 法：由荷兰壳牌公司开发，专利为 UOP 公司所有。溶剂采用环丁砜，使用转盘萃取塔进行萃取，产品需经白土处理。苯的收率为 99.9%。

Arosolvan 法：由联邦德国的鲁奇公司在 1962 年开发。溶剂为 N - 甲基吡咯烷酮（NMP），为了提高收率，有时还加入 10%~20% 的乙二醇醚，采用特殊设计的 Mechnes 萃取器。苯的收率为 99.9%。

IFP 法：由法国石油化学研究院在 1967 年开发。采用不含水的二甲亚砜作溶剂，并用丁烷进行反萃取，过程采用转盘塔。苯的收率为 99.9%。

二、在生物化工和精细化工中的应用

在生化药物制备过程中，会生成很复杂的有机液体混合物。这些物质大多为热敏性物质。若选择适当的溶剂进行萃取，可以避免物质受热损坏，提高有效物质的收率。例如，青霉素的生产，用玉米发酵得到含青霉素的发酵液，以醋酸丁酯为溶剂，经过多次萃取可得到青霉素的浓溶液。此外，像链霉素、复方磺胺甲唑等药物的生产，采用萃取操作也可得到较好的效果。香料工业中用正丙醇从亚硫酸纸浆废水中提取香兰素，食品工业中用 TBP 从发酵液中萃取柠檬酸的方式也得到了广泛应用。可以说，萃取操作已在制药工业、精细化工中占有重要的地位。

三、在湿法冶金中的应用

20 世纪 40 年代以来，由于原子能工业的发展，大量的研究工作集中于铀、钍、钚等金属提炼，使萃取法几乎完全代替了传统的化学沉淀法。近 20 年来，由于有色金属使用量剧增，而开采矿石的品位又逐年降低，促使萃取法在这一领域迅速发展起来。例如，用溶剂 LIX63 – 65 等螯合萃取剂从铜的浸取液中提取铜，是 20 世纪 70 年代以来湿法冶金的重要成就之一。LIX63 (5，8 – 二乙基 – 7 – 羟基 – 十二烷 – 6 – 肟) 是世界上首个应用于湿法冶铜中的商品羟肟萃取剂，它在 pH > 3 的溶液中对铜具有相当高的选择性。最新研究表明，LIX63 作为协同萃取剂使用时所构成的协同萃取体系对铜、钴、镍等金属的萃取，具有萃取效率高、速度快、适用条件受限较少等特点。目前一般认为只要价格与铜相当或超过铜的有色金属如钴、镍、锆等，都应当优先考虑用溶剂萃取法进行提取。有色金属冶炼已逐渐成为溶剂萃取应用的重要领域。

◆ 素质拓展训练

一、判断题

（1）萃取的理论基础是分配定律。　　　　　　　　　　　　　　（　　）

（2）当萃取剂数量有限时，多次萃取比一次萃取的效率低。　　　（　　）

二、选择题

（1）在萃取过程中，所用的溶剂称为（　　）。

A. 萃取剂　　　　B. 分离剂　　　　C. 溶剂　　　　D. 稀释剂

（2）以下可用于分离沸点不同的液体混合物的方法是（　　）。

A. 过滤　　　　B. 分液　　　　C. 蒸馏　　　　D. 萃取

（3）萃取剂的选择原则是（　　）。

A. 萃取剂与被萃取物质不发生化学反应　　　B. 萃取剂的沸点比被萃取物质高

C. 萃取剂在两种不相溶的溶剂中的溶解度相同　　D. 萃取剂的密度比被萃取物质大

（4）衡量萃取效率的指标是（　　）。

A. 分配系数   B. 分配比   C. 分离因数   D. 萃取率

三、实验设计与理论计算

根据已知条件设计实验过程，并将实验过程及计算结果填写到表 3－7 中。

0.5 L H_2O 中溶解有机胺 10 g，以 300 mL C_6H_6 进行如下萃取。

（1）用 300 mL C_6H_6 一次萃取。

（2）用 300 mL C_6H_6 分三次萃取。

（已知分配系数为 0.2。）

表 3－7   实验过程

实验目的			
实验试剂			
实验仪器			
任务	具体实施		要求
	实施步骤	实验记录	
准备工作	验漏		
一次萃取操作		记录：	
计算萃取量	$m_n = m_0 \left(\dfrac{KV_1}{KV_1 + V_2} \right)^n$ $V_1 = 500$ mL，$V_2 = 300$ mL $n = 1$，$m_0 = 10$ g，$K = 0.2$	计算结果：	
分三次萃取操作		记录：	
计算萃取量	$m_n = m_0 \left(\dfrac{KV_1}{KV_1 + V_2} \right)^n$ $V_1 = 500$ mL，$V_2 = 300/3 = 100$ mL $n = 3$，$m_0 = 10$ g，$K = 0.2$	计算结果：	
结束工作	结束后倒掉废液，清理台面，洗净用具并归位。 关闭水源和电源总闸		1. 实验室安全操作。 2. 团队工作总结

任务四   稀溶液的依数性

🔘 **问题引入**

在高山上煮鸡蛋为什么不熟？

在结冰的路面上撒盐的原因是什么？

夏天腌黄瓜为什么会"出汤"？

一、溶液的饱和蒸气压下降

稀溶液的依数性（1）

1. 提出问题

如图 3 - 2 所示，在一个密闭容器内，放有半杯纯水和半杯糖水，长时间放置水会自动转移到糖水中去，为什么？

2. 认识概念——饱和蒸气压

（1）纯溶剂的饱和蒸气压 p^*。

如图 3 - 3 所示，密闭容器中，在纯溶剂的单位表面上，单位时间里，有 N 个分子蒸发到上方空间中。随着上方空间里溶剂分子个数的增加，密度增加，分子凝聚，回到液相的机会增加。当密度达到一定数值时，凝聚的分子的个数也达到 N 个。这时，上方空间的蒸气密度不再改变，保持恒定。此时，蒸气的压强也不再改变，称为该温度下的饱和蒸气压，用 p^* 表示。

当蒸气压小于 p^* 时，平衡右移，继续汽化；当蒸气压大于 p^* 时，平衡左移，气体液化。改变上方的空间体积，即可使平衡发生移动。

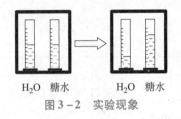

图 3 - 2　实验现象　　　图 3 - 3　纯溶剂饱和蒸气压

（2）溶液的饱和蒸气压 p。

当溶液中溶有难挥发的溶质时，则有部分溶液表面被这种溶质分子所占据，如图 3 - 4 所示。

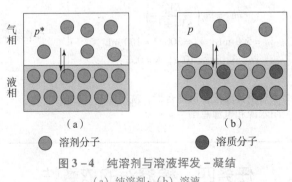

● 溶剂分子　　　● 溶质分子

图 3 - 4　纯溶剂与溶液挥发 - 凝结

（a）纯溶剂；（b）溶液

注：$p < p^*$。

于是，在溶液中，单位表面在单位时间内蒸发的溶剂分子的数目 N' 要小于 N。凝聚分子的个数与蒸气密度有关。当凝聚的分子数目达到 N，实现平衡，蒸气压不会改变，这时，平衡状态下的饱和蒸气压为 p^*。

3. 解释实验现象

过程开始时，H_2O 和糖水均以蒸发为主；当蒸气压等于 p 时，糖水与上方蒸气达到平衡，而 $p^* > p$，即 H_2O 并未平衡，继续蒸发，以至于蒸气压大于 p，H_2O 分子开始凝聚到糖水中，使得蒸气压不能达到 p^*。于是，H_2O 分子从 H_2O 中蒸发出来而凝聚到糖水中，出现了本节开始提出的实验现象。变化的根本原因是溶液的饱和蒸气压下降。

结论：含有难挥发性溶质溶液蒸气压总是低于同温度纯溶剂的蒸气压。

【实战演练 3 –5】 6.84 g 蔗糖（$C_{12}H_{22}O$）溶于 100 g H_2O 中，计算该溶液在 100 ℃ 时的蒸气压以及蒸气压下降了多少。

解：蔗糖属于非挥发性溶质，此溶液较稀，适用于拉乌尔定律。

已知 100 ℃ 时，
$$p^*_水 = 101.3 \text{ kPa}$$
$$n_{蔗糖} = \frac{6.84}{342} = 0.02 \text{ mol}$$
$$n_水 = \frac{100}{18} = 5.56 \text{ mol}$$
$$x_水 = \frac{5.56}{0.02 + 5.56} = 0.996$$
$$p_{溶液} = p^*_水 x_水 = 101.3 \times 0.996 = 100.89 \text{ kPa}$$
$$\Delta p = p^*_水 - p_{溶液} = 101.3 - 100.89 = 0.41 \text{ kPa}$$

即蒸气压下降 0.41 kPa。

因为溶剂的饱和蒸气压降低，所以出现了溶液沸点升高、凝固点降低以及产生渗透压等现象。

二、沸点升高

1. 认识概念

蒸发：表面汽化现象称为蒸发。

稀溶液的依数性（2）

沸腾：表面和内部同时汽化的现象。

沸点：液体沸腾过程中的温度，只有当液体的饱和蒸气压和外界大气压强相等时，液体的汽化才能在表面和内部同时发生，这时的温度即沸点（boiling point），用符号 T^*_b 表示。

2. 现象解释

若溶剂中加入非挥发性的溶质，则溶液的蒸气压必小于纯溶剂的蒸气压，要使溶液在同一外压下沸腾，就必须升高温度，这种现象称为沸点升高。

3. 公式介绍

稀溶液的沸点升高与溶液浓度的关系为
$$\Delta T_b = T_b - T^*_b = K_b b_B$$

式中 T_b——稀溶液的沸点，单位为 K；

T^*_b——纯溶剂的沸点，单位为 K；

b_B——溶质 B 的质量摩尔浓度，单位为 $mol \cdot kg^{-1}$；

K_b——沸点升高系数，单位为 $K \cdot kg \cdot mol^{-1}$；

K_b 的数值仅与溶剂的性质有关。而与溶质的性质无关。几种常用溶剂的 K_b 值如表 3-8 所示。

表 3-8　几种常用溶剂的 K_b 值

溶剂	水	甲醇	苯	乙醇	丙酮	四氯化碳
$K_b/(K \cdot kg \cdot mol^{-1})$	0.52	0.80	2.57	1.20	1.72	5.02

4. 理论应用

（1）计算溶液的沸点。

$$\Delta T_b = T_b - T_b^*$$

（2）计算溶液的浓度。

$$\Delta T_b = K_b b_B$$

（3）计算溶质的摩尔质量。

$$\Delta T_b = K_b b_B = K_b \frac{m_B}{m_A M_B}$$

$$M_B = \frac{K_b m_B}{\Delta T_b m_A}$$

【实战演练 3-6】　3.20×10^{-3} kg 萘（B）溶于 50.0×10^{-3} kg 二硫化碳（A）中，溶液的沸点升高 1.17 K。已知沸点升高系数为 2.34 K·kg·mol⁻¹，求萘的摩尔质量。

解：

$$\Delta T_b = K_b b_B = K_b \frac{m_B}{m_A M_B}$$

$$M_B = K_b \cdot \frac{m_B}{m_A \Delta T_b} = \frac{2.34 \times 3.20 \times 10^{-3}}{50.0 \times 10^{-3} \times 1.17} = 0.128 \ kg \cdot mol^{-1}$$

三、凝固点下降

1. 认识概念

凝固：是指在温度降低时，物质由液态变为固态的过程。

凝固点：液体凝固成固体是在一定温度下进行的，这个温度称为凝固点（freezing point），用符号 T_f^* 表示。

2. 现象解释

如图 3-5 所示，冰线和水线的交点（B 点）处，冰和水的饱和蒸气压相等，此点的温度为 273 K，$p \approx 611$ Pa。273 K 是 H_2O 的凝固点，即为冰点。在此温度时，溶液饱和蒸气压低于冰的饱和蒸气压，即

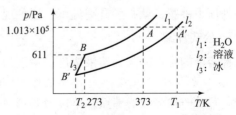

图 3-5　纯水、溶液、冰 p—T 曲线对比

$p_{冰} > p_{溶液}$，当两种物质共存时，冰要融化，即溶液此时尚未达到凝固点。

只有当降温到 T_2 时，冰线和溶液线相交（B'点），即 $p_{冰} = p_{溶液}$，溶液开始结冰，达到凝固点。$T_2 < 273\ K$，溶液的凝固点下降，比纯水低，即溶液的蒸气压下降，导致其冰点下降。

3. 公式介绍

凝固点与溶液组成的定量关系为

$$\Delta T_f = T_f^* - T_f = K_f b_B$$

式中　T_f——稀溶液的凝固点，单位为 K；

　　　T_f^*——纯溶剂的凝固点，单位为 K；

　　　b_B——溶质 B 的质量摩尔浓度，单位为 $mol \cdot kg^{-1}$；

　　　K_f——凝固点下降系数，单位为 $K \cdot kg \cdot mol^{-1}$。

K_f 的数值仅与溶剂的性质有关，而与溶质的性质无关。几种常用溶剂的 K_f 值如表 3 – 9 所示。

表 3 – 9　几种常用溶剂的 K_f 值

溶剂	水	醋酸	苯	环己烷	萘	樟脑
$K_f /$（$K \cdot kg \cdot mol^{-1}$）	1. 86	3. 90	5. 10	20	7. 0	40

4. 理论应用

（1）计算溶液的凝固点。

$$\Delta T_f = T_f^* - T_f$$

（2）计算溶液的浓度。

$$\Delta T_f = K_f b_B$$

（3）计算溶质的摩尔质量。

$$\Delta T_f = K_f b_B = K_f \frac{m_B}{m_A M_B}$$

$$M_B = \frac{K_f m_B}{\Delta T_f m_A}$$

可以利用凝固点降低法来测定物质的分子量和检验化合物产品的纯度。

冬天，在汽车水箱的用水中，通常加入醇类，如乙二醇、甲醇、甘油等，使其凝固点下降从而防止水结冰。

食盐和冰的混合物可以作为冷冻剂。

 知识拓展

载冷剂

工业上常用食盐及二氯化钙的水溶液作为载冷剂。这是一种中温载冷剂，适用于 -50 ~ 5 ℃ 制冷装置。对于盐水载冷剂的使用，需要根据制冷装置的最低温度选择盐水浓度。盐水浓度增高，将使盐水的密度加大，会使输送盐水的泵的功率消耗增大；而盐水的比热减少，输送一定制冷量所需的盐水流量将增多，同样增加泵的功率消耗。因此，不应选择过高的盐水浓度，应根据使盐水的凝固点低于载冷剂系统中可能出现的最低温度的原则来选择盐水浓度。

选择盐水浓度使其凝固点比制冷装置的蒸发温度低 5～8 ℃（采用水箱式蒸发器时取 5～6 ℃；采用壳管式蒸发器时取 6～8 ℃）为宜。鉴于此，氯化钠（NaCl）溶液只适用于蒸发温度高于 -16 ℃ 的制冷系统中。氯化钙（CaCl₂）溶液可使用在蒸发温度不低于 -50 ℃ 的制冷系统之中。盐水的凝固温度随浓度而变，当溶液浓度为 29.9% 时，氯化钙盐水的最低凝固温度为 -55 ℃；当溶液浓度为 23.1% 时，氯化钠盐水的最低凝固温度为 -21.2 ℃。按溶液的凝固温度比制冷机的蒸发温度低 5 ℃ 左右的标准来选定盐水的浓度。

盐水载冷剂在使用过程中，会因吸收空气中的水分而导致浓度降低，尤其是在开式盐水系统中。为了防止盐水的浓度降低，引起凝固点温度升高，必须定期用相对密度计测定盐水的相对密度。若浓度降低时，应补充盐量，以保持适当的浓度。

实验任务　凝固点降低法测定葡萄糖摩尔质量

一、实验依据

稀溶液具有依数性，凝固点降低是依数性的一种表现，溶质摩尔质量与凝固点降低值、溶质和溶剂质量之间的关系为

$$M_B = \frac{K_f m_B}{\Delta T_f m_A}$$

实验条件下过冷（到达凝固点温度而不凝固）是不可避免的，但适当过冷对于实验读数有利，温度下降后回升的最高点则是实测凝固点。过冷严重（超过冷）会造成较大的实验误差，可通过控制寒剂温度和调节搅拌速度来防止超过冷。实验装置与过冷曲线如图 3-6 所示。

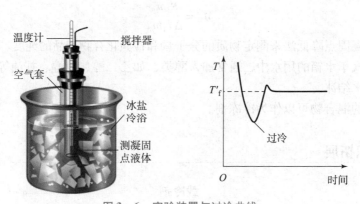

图 3-6　实验装置与过冷曲线

二、实验过程

实验过程具体内容如表 3 – 10 所示。

表 3 – 10　实验过程

实验名称	凝固点降低法测定葡萄糖摩尔质量		
实验试剂	葡萄糖（分析纯）、粗食盐、冰块		
实验仪器	温度计（–10 ~ 50 ℃，有 1/10 刻度）、大烧杯、大试管、金属搅拌器、单孔软木塞、铁夹、铁架台		
任务	具体实施		要求
	实施步骤	实验记录	
准备工作	用移液管量取 20.00 mL 蒸馏水，注入干燥大试管中，在电子台秤上称取 1 g 葡萄糖，倒入盛有 20.00 mL 蒸馏水的大试管中，轻轻振荡（切勿溅出）至完全溶解。安装双孔胶塞及温度计和搅拌棒，调节温度计的高度，使水银球全部浸入葡萄糖溶液中。在大烧杯中装入 1/2 体积的冰块和 1/4 体积的水，再放入 4 勺粗食盐，作冰盐浴	称量水质量 $W_1 =$ _____ 称量葡萄糖质量 $W_2 =$ _____	搅拌器不要碰击温度计以及管壁。 测定管需要干燥。 防止葡萄糖结块，测定管内先加溶剂，葡萄糖少量多次加入。 定量溶剂放入测定管时，不要溅出试管外。 不要用温度计代替搅拌棒。 如果温度计和溶剂冻在一起，应该等溶剂融化后再取出温度计。 测量一次数值后，待溶液融化再测第二次，不再重新称量
溶液凝固点的测定	往水浴中加入碎冰块和适量粗食盐，使试管内液面低于冰盐冷剂的水面，并不断搅拌。再用搅拌器搅拌（上下移动）试管中的水，使温度慢慢冷却。注意温度计的读数，待有固体析出时，停止搅拌。析出固体时，温度迅速回升至最高点，又逐渐下降，此最高温度可作为溶液的凝固点。 取出大试管，用手微热或用水冲洗试管外部和底部，使冰融化，再放入冰水中，重复上述操作，再次测定葡萄糖溶液的凝固点（两次凝固点之差不超过 0.1 ℃），并取平均值	记录： $T_1 =$ _____ $T_2 =$ _____ $\overline{T} =$ _____	
溶剂凝固点的测定	洗净大试管、温度计和搅拌器，放入约 20 mL 蒸馏水，用上述方法测量溶剂的凝固点。重复测量，取两次结果的平均值（两次凝固点之差不超过 0.1 ℃）	记录： $T_1 =$ _____ $T_2 =$ _____ $\overline{T} =$ _____	
计算	根据公式，计算： $$M = \dfrac{K_f W_2 \times 1\ 000}{W_1 \Delta T_f}$$ 式中　1 000——换算系数	水为溶剂（K_f =1.86），葡萄糖为溶质。 计算： $M =$ _____	
结束工作	结束后倒掉废液，清理台面，洗净用具并归位。 关闭水源和电源总闸		1. 实验室安全操作。 2. 团队工作总结

三、实验结果

将测定数据处理后填入表 3 – 11 中。

表 3 – 11 实验数据

凝固点（测定的平均值）T_f/K		凝固点降低值 $\Delta T_f/K$	溶质质量/g	溶剂质量/g
葡萄糖	蒸馏水			

四、检查与评价

学生完成本项目实验的学习后，通过自评、小组互评来检查自己对本任务学习的掌握情况。指导教师在整个教学过程中，关注每个小组的检测过程及小组成员的动手能力，并对小组成员动手能力进行评价，学生对所学的各项任务进行抽签决定考核的内容。将具体的检查与评价填入表 3 – 12 中。

表 3 – 12 检查与评价

项目	评价标准	分值	学生自评	小组互评	教师评价
方案制定与准备	认真负责、一丝不苟地进行资料查阅，确定实验依据	10			
	协同合作制定方案并合理分工	5			
	相互沟通完成方案诊改	5			
	正确清洗及检查仪器	10			
实验测定	正确进行仪器准备	10			
	准确测量，规范操作	10			
	数据记录正确、完整、美观	10			
	正确计算结果，按照要求进行数据修约	10			
	规范编制检测报告	10			
结束工作	结束后倒掉废液，清理台面，洗净用具并归位	5			
	关闭仪器电源，清洗玻璃器皿并归位	10			
	文明操作，合理分工，按时完成	5			

五、渗透压

1. 渗透现象

如图 3 – 7 所示，在 U 形管中，用半透膜将等体积的 H_2O 和糖水分开，放置一段时间，会发生什么现象？

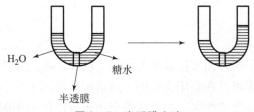

$H_2O \leftarrow$ $\rightarrow$ 糖水

半透膜

图 3-7 半透膜实验

注：半透膜——只允许 H_2O 分子透过，不允许溶质糖分子通过。

一段时间后，糖水的液面升高，H_2O 的液面降低。这种溶剂透过半透膜进入溶液的现象，称为渗透现象。

产生的原因：在两侧静水压相同的前提下，由于半透膜两侧透过的 H_2O 分子的数目不等，在单位时间里，进入糖水的 H_2O 分子多些。

产生渗透现象的条件如下。

（1）必须有半透膜存在。

（2）半透膜两侧溶液具有浓度差。

2. 渗透压定义

渗透现象发生以后，H_2O 柱的高度降低，糖水柱升高，要使两侧液面相等，需要在溶液一侧施加额外压力。假定在等温等压条件下，当溶液一侧额外施加的压力为 Π 时，两液面可持久保持同一水平，即达到渗透平衡，这个 Π 称为溶液的渗透压，单位为 Pa。

3. 渗透压公式

具有渗透压，是溶液的依数性质，它产生的根本原因是相变界面上可发生变化的分子个数不同。经过长期研究发现如下规律。

温度相同时，Π 和溶液的物质的量浓度成正比。

浓度相同时，Π 和温度 T 成正比。

测得比例系数和气体常数 R 相同，则公式为

$$\Pi V = n_B RT \text{ 或 } \Pi = c_B RT \tag{3-3}$$

式（3-3）又称稀溶液的范特霍夫渗透压公式。

对于稀溶液，当溶液的密度与同温度下纯溶剂的密度近似相等时，式（3-3）可以表示为

$$\Pi = c_B RT = \frac{n_B}{V} RT = \frac{n_B}{m/\rho} RT = b_B \rho RT$$

【实战演练 3-7】 用渗透压法测得胰凝乳朊酶原的平均摩尔质量为 25.00 kg·mol^{-1}。现在 298.2 K 时有含该溶质 B 的溶液，测得其渗透压为 1 539 Pa。试问每升溶液中含该溶质多少克？

解：由于溶液极稀，可以使用范特霍夫渗透压公式，即

$$\Pi = c_B RT = \frac{n_B}{V} RT = \frac{m_B}{MV} RT = \frac{1}{M} \rho RT$$

$$m_B = \rho V = \frac{\Pi M V}{RT} = \frac{1\ 539 \times 25.00 \times 1}{8.314 \times 298.2} = 15.52\ \text{g}$$

4. 渗透压的应用

（1）医学。

渗透压在维持水分平衡方面发挥着重要作用。例如，在治疗水肿时，通过增加渗透压可以促进水分的回流和排出。在临床实践中，渗透调节可用于控制体液的容量和浓度，防止水分过多或过少对机体造成伤害。渗透压的变化还可以影响细胞的代谢和功能，如药物透过细胞膜的速率和效果。

（2）食品加工和保鲜。

利用渗透压技术，可以在食品加工过程中将调味剂和腌制液渗入食品内部，这可以提高食品的质量，并使食品更美味。在食品保鲜过程中，渗透压原理可以帮助控制食品内部溶质的浓度，防止食品腐败和变质。

（3）农业。

在植物的生长过程中，渗透压对于水分和养分的吸收分布起到关键作用。

（4）美容和个人护理。

渗透压技术被应用于护肤品中，帮助保持肌肤的水分和营养平衡，并改善皮肤的外观和弹性。

（5）工业生产。

渗透压技术也在纺织、纸浆生产和化学品生产等领域得到应用。

 知识拓展

工业废水处理方法——反渗透

反渗透（Reverse Osmosis，RO）是一种常用的工业废水处理技术，通过半透膜的选择性渗透作用，将废水中的溶质、离子和微小颗粒从水中分离出来。该技术广泛应用于饮水处理、海水淡化、废水处理等领域。

反渗透技术的工作原理如下。

（1）渗透过程：反渗透利用半透膜的选择性渗透作用。废水被加压引入反渗透装置，通过强制作用的压力，溶质和溶解在水中的离子将与水分子一起通过半透膜，而大部分溶质、离子和颗粒物则被半透膜阻挡下来。

（2）膜清洗：由于废水中可能含有悬浮物、有机物和颗粒等，这些物质可能会在膜表面堵塞或积聚，影响反渗透的工作效果。因此，需要定期进行膜清洗，以保持膜的通透性和稳定性。

反渗透技术的特点如下。

（1）高效分离：反渗透能够有效地去除废水中的溶质、离子和颗粒物，使废水浓缩，净水产率高。

（2）无化学药剂：反渗透技术无须添加化学药剂，避免了化学物品对水质的二次污染。

（3）操作方便：反渗透设备运行稳定，操作简单，易于监控和维护。

（4）能源消耗：反渗透过程中需要施加高压力，消耗一定的能源。然而，技术的发展使得能源消耗得到了很大程度的降低。

（5）适应性强：反渗透技术适用于处理各种类型的废水，包括高盐度废水、含有重金属的废水等。

（6）可与其他技术结合：反渗透可以与其他废水处理技术（如活性炭吸附、纳滤等）结合使用，以改善废水处理效果。

反渗透设备的设计和操作需要根据废水的特性、膜材料的选择和膜元件的配置来确定，以获得最佳的处理效果。此外，废水中的特定溶质可能对膜的稳定性和寿命产生影响，因此在应用反渗透技术时，需要考虑废水的成分和特性，以保证技术的高效稳定运行。

在人体中肾就具有反渗透的作用，血液中的糖分远高于尿中糖分，肾的反渗透功能可以阻止血液中的糖分进入尿液。如果肾功能有缺陷，血液中的糖分将进入尿液从而形成糖尿病。

 素质拓展训练

一、选择题

（1）冬天施工时，为了保证施工质量，常在浇筑混凝土时加入盐类，其主要原因是（　　）。

A. 增加混凝土的强度　　　　　　　B. 防止建筑物被腐蚀

C. 降低混凝土的固化温度　　　　　D. 吸收混凝土中的水分

（2）在相同温度时，两种稀盐水的浓度分别为 c_1 和 c_2。若 $c_1 > c_2$，则两者渗透压的关系是（　　）。

A. $\Pi_1 > \Pi_2$　　　　　B. $\Pi_1 < \Pi_2$　　　　　C. $\Pi_1 = \Pi_2$　　　　　D. 无法确定

二、判断题

（1）在一定温度下，同样是 $0.1\ mol \cdot kg^{-1}$ 的蔗糖溶液和氯化钠溶液的渗透压相同。

（　　）

（2）可以利用沸点上升或者凝固点下降法测溶质的摩尔质量。　　　　（　　）

（3）沸点升高系数 K_b 只与溶剂的性质有关，与溶质的性质无关。　　（　　）

（4）在纯溶剂中加入少量不挥发的溶质后形成的稀溶液的沸点比纯溶剂的沸点高。

（　　）

三、简答题

（1）稀溶液的依数性包含哪些内容？

（2）为什么在高原上用食盐水能煮熟鸡蛋？

项目四 相 平 衡

知识目标

1. 掌握相数、物种数、组分数、自由度数等基本概念的含义。
2. 能够阐明相律、单组分系统之间的内在关系。
3. 认识双组分体系。

能力目标

1. 能够运用相律进行系统组分数、相数、自由度数等的计算。
2. 能够绘制、分析并应用简单相图。
3. 能够利用克劳修斯－克拉佩龙方程进行运算。
4. 能够独立发现、分析和解决实际生产中较常规的物理化学问题。

素质目标

1. 吃苦耐劳、勇于承担责任，具有环境保护意识和良好的组织纪律性。
2. 珍惜资源、爱护环境、合理使用化学物质。

任务一　相律的应用

案例导入

日常生活中使用电热水壶或其他工具煮水时，水总是在 100 ℃ 左右被煮沸，这是因为在常压（通常为 1 atm① 或 101.325 kPa）下水的沸点是 100 ℃ 左右（气－液平衡）。为了提高沸点，加快煮熟食物，高压锅被带进了人们的日常生活，它利用水在较高压力下有较高沸点的特性，使食物能够很快地被煮熟。

高压锅的平衡原理如下。

1. 温度平衡

高压锅内的温度实际上是由压力决定的。随着压力升高，水的沸点也会升高，从而使温度升高。高压锅一般的压力为 1.5～2.0 bar②，温度为 120～130 ℃，而普通压力下水的

---

① 1 atm ≈ 1.01 × 10⁵ Pa。
② 1 bar = 100 kPa。

沸点为 100 ℃。

2. 压力平衡

高压锅内部的压力是由水的沸腾产生的蒸气所产生的。当水沸腾时，放出的蒸气会带走一些热量，使得水温降低。但是由于高压锅的密闭结构，蒸气无法逃离，压力就会逐渐升高。当压力升高到一定程度时，热量和压力之间就达到了平衡状态，然后锅内就形成了高温高压的状况。

3. 水分平衡

高压锅内部的水分也很重要。在锅内产生的蒸气会将锅内的水分带出来，在高压下重新提高温度变成蒸气，这个过程称为水循环。水循环产生的热量可以让食物在锅内的温度更加均匀，同时大大缩短烹饪时间。

一、相律基本概念

1. 相

相是系统中物理性质和化学性质完全相同的均匀部分，如图 4 - 1 所示。

相律基本概念

图 4 - 1　相

(a) 气相；(b) 液相；(c) 固相

系统中所包含的相的总数，称为相数，用符号 P 表示。

气相：系统中无论包括多少种气体都是一相。

液相：视其互溶程度，相数一般为 $P = 1，2，3$。

固相：除固溶体之外，有几种物质就有几相，$P = 1，2，\cdots$，固溶体相数 $P = 1$。

思考：水中漂浮有大小不等的 5 块冰，5 块冰算一相还是五相？

注意：相数与数量无关，与破碎程度无关。

2. 物种数

系统中所能独立存在的纯化学物质的种类数目，称为物种数，用符号 S 表示。

【实战演练 4-1】　(1) 系统中含有 PCl_3，PCl_5，Cl_2 三种物质，则 $S = 3$。

(2) 由水、冰和水蒸气组成的系统，则 $S = 1$。

3. 独立化学平衡数

以 S 种物质作为反应物和产物所发生的独立的化学反应数称为独立化学平衡数，用符号 R 表示。

【实战演练 4-2】 高温下，将 $C(s)$，$O_2(g)$，$CO(g)$，$CO_2(g)$ 放入一密闭容器中，建立如下几个化学平衡：

$$C(s) + \frac{1}{2}O_2(g) \longrightarrow CO(g) \tag{4-1}$$

$$C(s) + O_2(g) \longrightarrow CO_2(g) \tag{4-2}$$

$$CO(g) + \frac{1}{2}O_2(g) \longrightarrow CO_2(g) \tag{4-3}$$

$$C(s) + CO_2(g) \longrightarrow 2CO(g) \tag{4-4}$$

根据盖斯定律可知：式(4-2) - 式(4-1) = 式(4-3)

$$2 \times \text{式}(4-1) - \text{式}(4-2) = \text{式}(4-4)$$

因此独立化学平衡数 $R = 2$，而不是 4。

4. 独立浓度限制数

同一相中物种浓度的关系数称为独立浓度限制数，用符号 R' 表示。

【实战演练 4-3】 在真空容器中放入过量的 $NH_4Cl(s)$，在一定条件下发生下列反应并达到平衡：

$$NH_4Cl(s) \Longrightarrow NH_3(g) + HCl(g)$$
$$S = 3, \quad P = 2, \quad R = 1, \quad R' = 1$$

若在上述系统中额外加入少量 $NH_3(g)$，则 $NH_3(g)$ 和 $HCl(g)$ 之间的特殊浓度关系不再存在：$R' = 0$。

5. 组分数

在一定条件下，足以确定相平衡系统各相组成所需最少的物种数称为独立组分数，简称组分数，用符号 C 表示。

公式：

$$C = S - R - R'$$

组分数小于或等于物种数，即 $C \leq S$。

若系统中各物质之间没有发生化学反应，也没有其他限制条件，则组分数等于物种数。

【实验演练 4-4】 试确定下列系统的组分数。

(1) 将 $CaCO_3(s)$ 放入真空容器中，在一定条件下 $CaCO_3(s)$ 分解为 $CaO(s)$ 和 $CO_2(g)$。

解：系统中有 3 种物质，$S = 3$。

三者之间存在化学平衡关系 $CaCO_3(s) \longrightarrow CaO(s) + CO_2(g)$，即 $R = 1$。

平衡时，虽然 CaO 与 CO_2 之间存在 $1:1$ 的关系，但是两者不在同一相中，因此

$$R' = 0, \quad C = S - R - R' = 3 - 1 - 0 = 2$$

(2) $NH_4HCO_3(s)$ 在真空容器中分解达到平衡。

解：$NH_4HCO_3(s)$ 在真空容器中分解达到平衡时，存在以下化学平衡。

$$NH_4HCO_3(s) \longrightarrow NH_3(g) + H_2O(g) + CO_2(g)$$

系统中有 4 种物质，$S = 4$。

存在 1 个化学平衡，$R = 1$。

平衡时，$NH_3(g)$，$H_2O(g)$，$CO_2(g)$ 三者间存在 $1:1:1$ 的关系，且在同一相中，$R' = 2$。

因此 $$C = S - R - R' = 4 - 1 - 2 = 1$$

需要注意的是，在 $n(NH_3):n(CO_2) = 1:1$，$n(CO_2):n(H_2O) = 1:1$，$n(NH_3):n(H_2O) = 1:1$，三个关系式中只有两个是独立的，因此 $R' = 2$ 而不是 3。

6. 自由度数

在不引起旧相消失和新相产生的前提下，系统中可自由变动的独立强度变量称为自由度，这种强度变量的数目称为系统在指定条件下的自由度数，用符号 f 表示。强度性质包括温度、压强、浓度等。

对于某液态物质，若保持其液相存在，温度、压力可以在一定范围内任意改变，而不会发生汽化和凝固现象，这说明它有两个独立可变的强度性质——温度和压力，即自由度 $f = 2$。而对于液态与蒸气两相平衡系统，若保持系统始终为气 – 液两相平衡，则温度、压强两变量中只能有一个可以独立变动。例如，水在 100 ℃ 时蒸气压为 101.325 kPa，压强如小于 101.325 kPa 就全部变成了水蒸气，液相消失了；90 ℃ 时压强要保持在 70.117 kPa，此时 $f = 1$。可理解为温度和压强只有一个是自由的。温度确定以后，压强就不能随意变动，必须保持在该温度下的蒸气压；反之，指定平衡压强，温度就不能随意选择，必须保持在该压强下的沸点温度，否则必将导致两相平衡状态破坏而产生新相或旧相消失。而当水、水蒸气、冰三相共存时，在三相均不消失的条件下，温度和压强必须为固定值，即 $p = 610.6$ Pa，$T = 273.16$ K，此时 $f = 0$。

对于复杂的相平衡系统可以用相律来求得自由度。

根据以上所学，将重点内容总结到表 4 – 1 中。

表 4 – 1 相律的基本概念

概念	符号	注意点
相数		
物种数		
独立化学平衡数		
独立浓度限制数		
组分数		
自由度数		

二、相律的应用

1876 年，吉布斯根据热力学基本原理，研究其内在规律得出相律，即通常所说的吉布斯相律，也是最为有名的普适性的理论。

若多相体系中具有 C 种独立成分，其物相的数目 P 和自由度 f 之间的关系为

$$f = C - P + n$$

式中，n 为外界因素。对一个相平衡的系统，在只考虑温度和压强（不考虑重力场、磁场、表面能等外界因素）两个条件影响的情况下，通过推导可得到相数 P、组分数 C 及自由度 f 之间关系：

$$f = C - P + 2$$

对于熔点极高的固体，蒸气压的影响非常小，可取 $n = 1$。

以水为例，只有一种化合物，$C = 1$。在三相点，$P = 3$，$f = C - P + 2 = 1 - 3 + 2 = 0$，所以温度和压强都固定。

当两种态处于平衡时，$P = 2$，对应一个特定压强，便恰好有一个熔点，即有一个自由度。吉布斯相律的预言正确：$f = 1 - 2 + 2 = 1$。

吉布斯相律广泛适用于多相平衡体系，若两相平衡时，压强不相等，则吉布斯相律不适用，如渗透平衡。吉布斯相律说明了在特定相态下，系统的自由度跟其他变量的关系。

吉布斯相律是相图的基本原理。

【实战演练 4 – 5】

(1) $NaCl(s)$，$NaCl$ 水溶液及水蒸气平衡共存时，系统的自由度数为多少？

解：在此系统中，只有 $NaCl$ 和 H_2O 两种组分，因此 $C = 2$。

$NaCl$ 为固相，$NaCl$ 水溶液为液相，水蒸气为气相，因此 $P = 3$。

$$f = C - P + 2 = 2 - 3 + 2 = 1$$

(2) 计算下面反应相平衡系统的自由度。

$$NH_4HS(s) \longrightarrow NH_3(g) + H_2S(g)$$

1) 将 $NH_3(g)$ 和 $H_2S(g)$ 按 $1 : 1$ 的比例投放到真空容器中，达到平衡。

2) 将 $NH_3(g)$ 和 $H_2S(g)$ 按 $1 : 2$ 的比例投放到真空容器中，达到平衡。

3) 以任意量的 $NH_4HS(s)$，$NH_3(g)$ 和 $H_2S(g)$ 反应开始，达到平衡。

4) 在真空容器中，只投入 $NH_4HS(s)$ 并达到平衡。

解：反应相平衡系统中，有三种物质，$S = 3$，有固相和气相，$P = 2$。

1) $R = 1$，$R' = 1$，则 $C = 3 - 1 - 1 = 1$，所以 $f = C - P + 2 = 1 - 2 + 2 = 1$。

2) $R = 1$，$R' = 0$，则 $C = 3 - 1 - 0 = 2$，所以 $f = C - P + 2 = 2 - 2 + 2 = 2$。

3) $R = 1$，$R' = 0$，则 $C = 3 - 1 - 0 = 2$，所以 $f = C - P + 2 = 2 - 2 + 2 = 2$。

4) $R = 1$，$R' = 1$，则 $C = 3 - 1 - 1 = 1$，所以 $f = C - P + 2 = 1 - 2 + 2 = 1$。

 素质拓展训练

一、单选题

(1) 组分数是用字母（　　）表示。

A. S 　　　　　　B. C 　　　　　　C. R 　　　　　　D. P

(2) 在 410 K 条件下，$Ag_2O(s)$ 部分分解成 $Ag(s)$ 和 $O_2(g)$，此平衡系统的自由度为（　　）。

A. 0 　　　　　　B. 1 　　　　　　C. 2 　　　　　　D. -1

(3) $NH_4HS(s)$ 和任意量的 $NH_3(g)$ 及 $H_2S(g)$ 达到平衡时，有（　　）。

A. $C = 2$，$P = 2$，$f = 2$ 　　　　　　B. $C = 1$，$P = 2$，$f = 1$

C. $C = 2$，$P = 3$，$f = 2$ 　　　　　　D. $C = 3$，$P = 2$，$f = 3$

(4) 以下各系统中属于单相的是（　　）。

A. 可口可乐 　　　　　　B. 漂白粉

C. 一堆大小不一的单斜硫碎粒 D. 墨汁

二、判断题

（1）河面上漂浮着 5 块冰，相数为 5。 （ ）

（2）相律仅适用于相平衡系统。 （ ）

（3）组分数大于等于物种数。 （ ）

（4）空气的相数为 1。 （ ）

任务二 绘制水的相图

案例导入

只要能够创建一个合适的条件就能把冰直接升华为水蒸气。利用这一特征来进行一些食物的脱水，这样的方法称为冷冻干燥法。以速溶咖啡为例，只需要将已经煮好并过滤过的咖啡水放在可以抽真空的冷冻库内，一边降低温度，一边进行抽真空，当冰库里的温度与水的蒸气压在水的三相点以下时，咖啡里的冰就开始升华了，最终可以使咖啡里的水完全脱干。这个方法的好处就是不会破坏咖啡的香气。那什么是三相点呢？

单组分系统和
水的相图

一、单组分系统

单组分系统即系统中只有一种物质，故 $C = S = 1$。

根据相律：$f = C - P + 2 = 1 - P + 2 = 3 - P$。

可能有下列三种情况。

当 $P = 1$ 时，$f = 2$，称为双变量平衡系统，简称双变量系统。

当 $P = 2$ 时，$f = 1$，称为单变量平衡系统，简称单变量系统。

当 $P = 3$ 时，$f = 0$，称为无变量平衡系统，简称无变量系统。

因此单组分系统中，$P_{max} = 3$，$f_{min} = 0$。

二、水的相图

水的相图如图 4 – 2 所示。

1. 相区

三个单相区：气相、液相、固相。

单相区内 $P = 1$，$f = 2$。

在单相区内温度和压强独立地、有限度地变化，不会引起相的改变。

2. 两相交界线

三条实线，是两个单相区的交界线。

在线上，$P = 2$，$f = 1$。

压强与温度只能改变一个，指定了压

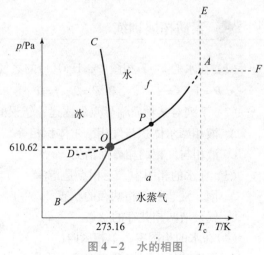

图 4 – 2 水的相图

强，则温度由系统自定，反之亦然。

OA 线：气 - 液两相平衡线，即水的蒸气压曲线，此线并不是无限延长。

临界点：$T = 647.4$ K，$p = 2.2 \times 10^7$ Pa。

临界温度时，气体与液体的密度相等，气 - 液界面消失。

高于临界温度时，不能用加压的方法使气体液化。

EAF 以右超临界区：在超临界温度以上，气体不能用加压的方法液化。

OD 线：*AO* 的延长线，是过冷水和水蒸气的介稳平衡线。

在相同温度下，过冷水的蒸气压大于冰的蒸气压，所以 *OD* 线在 *OB* 线之上。

过冷水处于不稳定状态，一旦有凝聚中心出现，就立即全部变成冰。

OB 线：气 - 固两相平衡线，即冰的升华曲线，理论上可延长至 0 K 附近。

OC 线：液 - 固两相平衡线，*OC* 线不能任意延长。

当 *C* 点延长至压力大于 2×10^8 Pa 时，相图变得复杂，有不同结构的冰生成。

3. 三相点

O 点是三相点，气、液、固三相共存，$P = 3$，$f = 0$。

三相点的温度和压强皆由系统自定，此点 $T = 273.16$ K，$p = 610.62$ Pa。

1967 年，CGPM（国际计量大会）决定，将热力学温度 1 K 定义为水的三相点温度的 $\frac{1}{273.16}$。

【知识延伸】 过冷现象可以有两种不同的含义。

在物理学中，特别是制冷技术中，过冷现象指的是液体（通常是制冷剂）的温度低于其正常凝固点时仍保持液态的情况。这种情况可能是由于液态制冷剂过多、蒸发器温度过低或其他原因。在这种情况下，过冷的液体不会直接冻结成固态，而是继续保持在液态状态，直到外界条件改变，如增加热量或扰动，从而使液体开始结晶。

在气象学中，过冷现象描述的是某地区气温低于正常值的异常情况。这种过冷可能与极地环流有关，该环流会将寒冷的空气向南移动，影响到更温暖的地区，从而导致那里的气温降低。

 素质拓展训练

（1）在水的 $p - T$ 相图中，$H_2O(1)$ 的蒸气压曲线代表的是（　　）。

A. $P = 1$，$f = 2$　　　　B. $P = 2$，$f = 1$　　　　C. $P = 3$，$f = 0$　　　　D. $P = 2$，$f = 2$

（2）下列对某物质临界点的描述，错误的是（　　）。

A. 液相摩尔体积与气相摩尔体积相等　　　B. 汽化热为零

C. 液相与气相的相界面消失　　　　　　　D. 气、液、固三相共存

（3）在水的相图中，三相点是指（　　）。

A. 固、液、气三相共存的状态　　　　　　B. 固、液两相共存的状态

C. 气、液两相共存的状态　　　　　　　　D. 以上都不对

（4）在水的相图中，单相区内（　　）。

A. 温度和压力可以独立改变而不影响水的相态

B. 温度和压力不可以独立改变，必须满足某个方程

C. 只有温度可以改变而不影响水的相态

D. 只有压力可以改变而不影响水的相态

（5）在水的相图中，气、液两相共存时（　　）。

A. 温度和压力都不可以独立改变　　　B. 温度可以独立改变而压力不可以

C. 压力可以独立改变而温度不可以　　　D. 温度和压力都可以独立改变

任务三　克劳修斯－克拉佩龙方程

克劳修斯－
克拉佩龙方程

◉ 问题引入

对比水和二氧化碳的相图（如图 4-3 所示），找出其中的主要差别。

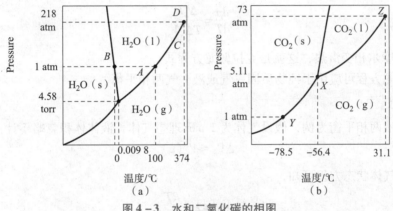

图 4-3　水和二氧化碳的相图

（a）水的相图；（b）二氧化碳的相图

现象解释

水和二氧化碳相图之间的主要差别在于固－液二相平衡线的倾斜方向。对于水，其固－液二相平衡线的斜率 $\mathrm{d}p/\mathrm{d}T$ 是小于 0 的，这意味着随着压强的增加，水的凝固点会降低。而对于二氧化碳，其固－液二相平衡线的斜率 $\mathrm{d}p/\mathrm{d}T$ 是大于 0 的，这意味着随着压强的增加，二氧化碳的凝固点会升高。

思考：为什么水的固－液两相平衡线斜率为负，而二氧化碳固－液两相平衡线斜率为正呢？相图中固－液两相平衡线斜率是否可以通过计算得出呢？

1. 认识克拉佩龙方程

当单组分系统两相共存时，自由度 $f=3-2=1$，系统只有 1 个自由度，单组分的相变温度与压强之间存在一定的关系，这个关系就是克拉佩龙方程。

一定温度和压力下，任何纯物质达到两相平衡。

在 T，p 时：$\mu^{\alpha}=\mu^{\beta}$。

在 $T+\mathrm{d}T$，$p+\mathrm{d}p$ 达到新的平衡时：

$$\mu^{\alpha} + \mathrm{d}\mu^{\alpha} = \mu^{\beta} + \mathrm{d}\mu^{\beta} \tag{4-5}$$

$$\mathrm{d}\mu^{\alpha} = \mathrm{d}\mu^{\beta} \tag{4-6}$$

对任一相均有

$$\mathrm{d}\mu = -S_{\mathrm{m}}\mathrm{d}T + V_{\mathrm{m}}\mathrm{d}p \tag{4-7}$$

$$-S_{\mathrm{m}}^{\alpha}\mathrm{d}T + V_{\mathrm{m}}^{\alpha}\mathrm{d}p = -S_{\mathrm{m}}^{\beta}\mathrm{d}T + V_{\mathrm{m}}^{\beta}\mathrm{d}p \tag{4-8}$$

因此，温度变化和压力变化的关系可以表示成

$$\frac{\mathrm{d}p}{\mathrm{d}T} = \frac{\Delta_{\alpha}^{\beta}S_{\mathrm{m}}}{\Delta_{\alpha}^{\beta}V_{\mathrm{m}}} \tag{4-9}$$

其中，ΔS_{m} 和 ΔV_{m} 分别表示给定 T，p 下，1 mol 纯物质由 α 相转移至 β 相的熵变化和体积变化。

$\alpha - \beta$ 两相平衡共存时，

$$S_{\mathrm{m}} = \Delta H_{\mathrm{m}} / T \tag{4-10}$$

因此，将式(4-10)代入式(4-9)，可以得到

$$\frac{\mathrm{d}p}{\mathrm{d}T} = \frac{\Delta_{\alpha}^{\beta}H_{\mathrm{m}}}{T\Delta_{\alpha}^{\beta}V_{\mathrm{m}}} \tag{4-11}$$

ΔH_{m} 为摩尔相变潜热，这就是克拉佩龙方程式。

克拉佩龙方程可应用于纯物质固-气或液-气两相平衡。

2. 方程延伸

以气-液两相平衡为例，假设气体为 1 mol 理想气体，液体体积忽略不计：

$$\Delta V_{\mathrm{m}} \approx V_{\mathrm{m}}(\mathrm{g}) \tag{4-12}$$

由理想气体状态方程可知，

$$V_{\mathrm{m}}(\mathrm{g}) = \frac{RT}{p} \tag{4-13}$$

代入克拉佩龙方程式中，

$$\frac{\mathrm{d}p}{\mathrm{d}T} = \frac{\Delta_{\mathrm{vap}}H_{\mathrm{m}}}{T\Delta V_{\mathrm{m}}} \approx \frac{\Delta_{\mathrm{vap}}H_{\mathrm{m}}}{TV_{\mathrm{m}}(\mathrm{g})} = \frac{\Delta_{\mathrm{vap}}H_{\mathrm{m}}}{T(RT/p)} \tag{4-14}$$

不定积分式：

$$\frac{\mathrm{d}\ln p}{\mathrm{d}T} = \frac{\Delta_{\mathrm{vap}}H_{\mathrm{m}}}{RT^{2}} \tag{4-15}$$

定积分式：

$$\ln\frac{p_{2}}{p_{1}} = -\frac{\Delta_{\mathrm{vap}}H_{\mathrm{m}}}{R}\left(\frac{1}{T_{2}} - \frac{1}{T_{1}}\right) \tag{4-16}$$

这就是克劳修斯-克拉佩龙方程，它反映了纯物质气-液两相平衡时饱和蒸气压随温度的变化关系。

3. 方程应用

如图4-2所示，水的相图中三条两相平衡线的斜率均可由克劳修斯-克拉佩龙方程或克拉佩龙方程求得。

OA 线：$\dfrac{\mathrm{dln}p}{\mathrm{d}T}=\dfrac{\Delta_{\mathrm{vap}}H_{\mathrm{m}}}{RT^2}$，$\Delta_{\mathrm{vap}}H_{\mathrm{m}}>0$，斜率为正。

OB 线：$\dfrac{\mathrm{dln}p}{\mathrm{d}T}=\dfrac{\Delta_{\mathrm{sub}}H_{\mathrm{m}}}{RT^2}$，$\Delta_{\mathrm{sub}}H_{\mathrm{m}}>0$，斜率为正。

OC 线：$\dfrac{\mathrm{d}p}{\mathrm{d}T}=\dfrac{\Delta_{\mathrm{fus}}H_{\mathrm{m}}}{T\Delta_{\mathrm{fus}}V}$，$\Delta_{\mathrm{fus}}H_{\mathrm{m}}>0$，$\Delta_{\mathrm{fus}}V<0$，斜率为负。

4. 注意事项

克劳修斯 - 克拉佩龙方程是热力学中的一个重要方程，它描述了物质在相变过程中的一些基本性质。在理解和应用这个方程时，需要注意以下几点。

（1）该方程仅适用于纯物质，对于混合物则需要进行适当的修正。

（2）方程中的 ΔV 和 ΔH 是相变过程中的变化量，而不是绝对值。因此，在使用方程时需要注意符号和单位。

（3）该方程描述了温度随压力的变化情况，但并不是所有情况下都适用。在某些特殊情况下，例如，接近临界点或存在多相共存时，可能需要使用其他方程来描述相变过程。

【实战演练 4 -6】 373.2 K 时水的蒸发热为 40.67 kJ·mol^{-1}，求当外压降到 $0.66p^{\ominus}$ 时水的沸点。

解：根据已知条件可知，$p_1=p^{\ominus}$，$T_1=373.2$ K，$\Delta_{\mathrm{vap}}H_{\mathrm{m}}=40.67$ kJ·mol^{-1}，$p_2=0.66p^{\ominus}$，有

$$\ln\frac{p_2}{p_1}=\frac{\Delta_{\mathrm{vap}}H_{\mathrm{m}}}{R}\left(\frac{1}{T_1}-\frac{1}{T_2}\right)$$

$$\ln\frac{p(T_2)}{p(T_1)}=\ln\frac{0.66p^{\ominus}}{p^{\ominus}}=\frac{40\,670}{8.314}\left(\frac{1}{373.2}-\frac{1}{T_2}\right)$$

计算可得 $T_2=361.7$ K。

 知识拓展

克劳修斯 - 克拉佩龙方程是描述物质相变时的压强和温度之间关系的一个重要方程，它是以德国物理学家鲁道夫·克劳修斯（Rudolf Clausius）和法国工程师本杰明·巴巴托·克拉佩龙（Benjamin Philibert Clapeyron）的名字命名的。这个方程在实际生活中有广泛应用，以下是一些主要的应用领域。

（1）气象学：在大气环流模型中，克劳修斯 - 克拉佩龙方程用于描述空气质点的运动，从而预测天气变化、气压变化等。

（2）工程学：在流体力学领域的工程应用中，克劳修斯 - 克拉佩龙方程可以用于设计和优化管道系统、飞机翼型等。

（3）生物学：通过应用克劳修斯 - 克拉佩龙方程，可以研究生物体内液体和气体的流动行为，如血液循环、呼吸等。

除此之外，克劳修斯 - 克拉佩龙方程还可以应用于物理学、化学、地质学等多个领域。总的来说，克劳修斯 - 克拉佩龙方程是一个非常重要的数学工具，它在实际生活中有着广泛应用，对于理解和分析物质和流体的行为具有重要意义。

一、判断题

（1）克劳修斯 – 克拉佩龙方程仅适用于描述气 – 液平衡时的压强和温度关系。（　　）

（2）克劳修斯 – 克拉佩龙方程建立在气体分子之间的碰撞是完全弹性的假设之上。

（　　）

二、单选题

（1）克劳修斯 – 克拉佩龙方程主要用于描述（　　）过程。

A. 固 – 固相变　　　　　　　　　B. 固 – 液相变

C. 固 – 气相变　　　　　　　　　D. 气 – 液相变

（2）克劳修斯 – 克拉佩龙方程的基本假设不包括（　　）。

A. 气体分子之间的碰撞是完全弹性的

B. 气体分子是点状、无体积的

C. 气体分子之间存在强烈的相互作用力

D. 碰撞前后分子的动能和动量守恒

任务四　二组分系统气 – 液相图的绘制

 案例导入

相图和相律是制造肥皂的重要理论基础。熟悉肥皂相图，对掌握制皂工艺具有很大的意义。众所周知，制皂过程是一个复杂的物理化学过程，在皂化、洗涤、整理各个阶段，都会发生相的形成和相的变化等热力学过程，而工艺操作条件则又需要根据相变的规律加以确定。皂化好的油脂是一个三组分体系。肥皂为一个组分，水及溶于水中的甘油为一个组分，苛性钠和氯化钠这两种物质，在肥皂工业中统称为电解质，合并在一起作为一个组分，以氯化钠含量表示。在皂化反应中所存在的油脂，并不改变水、盐和肥皂之间的相的关系，残留的油脂可作为一分离的相或部分溶解于肥皂相中。因此，研究制皂过程中相变的规律，即明确各相的性质、存在条件及相互转变的条件，有助于正确理解和掌握制皂工艺，使制皂操作建立在严密的科学基础上。

一、沸点 – 组成图

通常在等压条件下讨论沸点与组成的关系，溶液的沸点是溶液的饱和蒸气压达到外压时的温度。蒸气压越高，组分越易挥发，沸点越低；蒸气压越低，组分越难挥发，沸点越高。

$T—x—y$ 图的绘制可以通过测定不同组成溶液的沸点和相应的气、液两相组成，根据实验数据绘制，如图 4 – 4 所示。

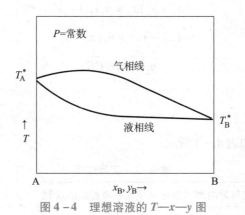

图 4 - 4   理想溶液的 $T—x—y$ 图

图 4-4 中气相线在液相线的上方，气相线之上为单一气相区，液相线以下为单一液相区，在这两个单相区内，相数 $P=1$，自由度数 $f=2$，温度与组成可以独立变化。中间的梭形区为气 - 液两相平衡共存区，在此区域，系统的自由度 $f=1$，即温度与组成只有一个可以独立变化。

二、杠杆规则

物系点：系统总的组成状态点。

相点：系统在各相的状态和组成点。

如系统处于单相区，物系点即为相点，如图 4-5 中的 N 点和 M 点。

但当系统处于 T_1 温度状态时，物系点为 C，C 点处于两相平衡区，此时气、液两相平衡共存。过 C 点作一平行于横坐标的水平线，分别交液相线、气相线于 D 点和 E 点，DE 线称为连接线，D、E 两点称为相点。D 点代表系统液相组成的液相点，E 点代表系统气相组成的气相点。当物系点为 C 点时，系统实际存在的是组成为 D 的液相和组成为 E 的气相。

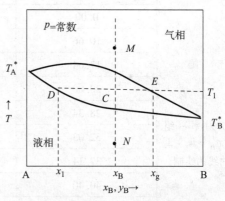

图 4 - 5   杠杆规则在 $T—x—y$ 图中的应用

通过物系点和相点可以知道系统所处的状态和组成，系统的物系点为 C 点，液相点的组成为 x_1，气相点的组成为 x_g。气、液两相中 A、B 的总物质的量分别为 n_g 和 n_1。就组分 B 来说，它存在于气、液两相中，即

$$n_总 x_B = n_1 x_1 + n_g x_g$$

式中 $n_总 x_B$——系统中组分 B 的总物质的量；

$n_1 x_1$——分配在液相中的组分 B 的物质的量；

$n_g x_g$——分配在气相中的组分 B 的物质的量。

因为 $n_总 = n_1 + n_g$，所以有

$$(n_1 + n_g)x_B = n_1 x_1 + n_g x_g$$

$$n_1(x_B - x_1) = n_g(x_g - x_B)$$

$$n_1 \overline{CD} = n_g \overline{CE}$$

三、实验过程

实验过程具体内容如表 4-2 所示。

表 4-2 实验过程

实验名称	环己烷与异丙醇二组分系统气 – 液相图的绘制		
实验试剂	环己烷(AR)、异丙醇(AR)		
实验仪器	阿贝折射仪、超级恒温槽、直流稳压电源(0~5 A, 0~10 V)、蒸馏器、移液管(25 mL)两只、0.1 ℃分度温度计(50~100 ℃)、移液管、洗耳球、容量瓶8个		
任务	具体实施		要求
	实施步骤		
折射率 – 组成($n_D' - w_n$)工作曲线的绘制	已知20 ℃时环己烷与异丙醇混合溶液的浓度与折射率 n_D^{20} 的数据如下		如在实验测定折射率时的温度不是20 ℃,可近似按温度每升高1 ℃,折射率降低 4×10^{-4} 的变化率,校正表中的 n_D^{20} 值后再作曲线
	异丙醇物质的量分数(%)	n_D^{20}	异丙醇质量分数(%)
	0.00	1.426 3	0.00
	10.66	1.421 0	7.85
	17.04	1.418 1	12.79
	20.00	1.416 8	15.54
	28.34	1.413 0	22.02
	32.03	1.411 3	25.17
	37.14	1.409 0	29.67
	40.40	1.407 7	32.61
	46.04	1.405 0	37.85
	50.00	1.402 9	41.65
	60.00	1.398 3	51.72
	80.00	1.388 2	74.05
	100.00	1.377 3	100.00
	根据表中数据,用坐标纸绘制 n_D^{20} 与异丙醇质量分数的关系曲线待用		

任务	具体实施	要求
	实施步骤	
配制待测溶液	配制含异丙醇质量分数约为 0.5%，1.0%，5.0%，15.0%，40.0%，60.0%，80.0%，90.0% 的环己烷溶液 8 份至容量瓶中，标号（分别标记为 1，2，3，4，5，6，7，8）待用	
温度计的校正	将蒸馏器洗净、烘干后用移液管从加液口加入异丙醇 25 mL，使温度计水银球的 1/2 位置浸入液体中，1/2 露在蒸气中，通电缓慢加热，待温度恒定后，记录所得温度和室内大气压。停止通电，将异丙醇倒回原瓶	注意调节稳压电源，输出电流一般不超过 4 A
折射率的测定	取配制的 1 号溶液 25 mL 加热使溶液沸腾。最初在冷凝管球形小室冷凝的液体常不能代表平衡时气相的组成。为加速达到平衡，可将球形小室内最初冷凝的液体倒回蒸馏器中，反复 2～3 次。温度计读数恒定后记下沸点读数，随即将移液管从冷凝管上口插入球形小室，先用球形小室内的冷凝液将移液管淌洗几次（在球形小室内洗，不取出），待球形小室内重新积满液体且温度恒定后，记下温度，停止加热，用移液管吸取冷凝管中的溶液，测其折射率（平行测量 3 次，取平均值）。用水将蒸馏器的蒸馏液冷却。用另一只移液管从加液口插入，吸取液相溶液，测其折射率（测前仍需淌洗取液管，并平行测量 3 次）。测量完毕后，将蒸馏瓶中的溶液倒回原瓶	测量时动作要迅速，以防由于蒸发而改变成分
结束工作	结束后倒掉废液，清理台面，洗净用具并归位。关闭水源和电源总闸	1. 实验室安全操作。 2. 团队工作总结

四、实验结果

1. 温度计读数的校正

溶液的沸点与大气压强有关，应用特鲁顿规则及克劳修斯－克拉佩龙方程可得溶液沸点随大气压变化而变动的近似公式：

$$T_{0b} = T_0 + \frac{T_0}{10} \times \frac{101\ 325 - p}{101\ 325}$$

式中　T_{0b}——在标准大气压，即 101 325 Pa 下的正常沸点，异丙醇的 $T_{0b} = 355.55$ K；

　　　T_0——在实验室大气压 p 下的沸点。

计算异丙醇在实验室大气压下的沸点，与实验时温度计上读数的沸点相比较，求出温度计本身误差的改正值，并逐一改正各个不同浓度时的沸点。

2. 填表

用绘制的工作曲线，确定每种溶液在其沸点时气、液两相的组成，填入表 4 - 3 中。

表 4 – 3 实验数据

序号	沸点/K	液相		气相	
		n'_D	$w_{异丙醇}(\%)$	n'_D	$w_{异丙醇}(\%)$

根据表 4 –3 所得数据作出环己烷 – 异丙醇系统的沸点 – 组成图，由沸点 – 组成图求出其恒沸温度和恒沸组成。

五、检查与评价

学生完成本项目实验的学习后，通过自评、小组互评来检查自己对本任务学习的掌握情况。指导教师在整个教学过程中，关注每个小组的检测过程及小组成员的动手能力，并对小组成员动手能力进行评价，学生对所学的各项任务进行抽签决定考核的内容。将具体的检查与评价填入表 4 –4 中。

表 4 –4 检查与评价

项目	评价标准	分值	学生自评	小组互评	教师评价
方案制定与准备	认真负责、一丝不苟地进行资料查阅，确定实验依据	10			
	协同合作制定方案并合理分工	5			
	相互沟通完成方案诊改	5			
	正确清洗及检查仪器	10			
实验测定	正确进行仪器准备	10			
	准确测量，规范操作	10			
	数据记录正确、完整、美观	10			
	正确计算结果，按照要求进行数据修约	10			
	规范编制检测报告	10			
结束工作	结束后倒掉废液，清理台面，洗净用具并归位	5			
	关闭仪器电源，清洗玻璃器皿并归位	10			
	文明操作，合理分工，按时完成	5			

项目五 化学平衡

知识目标

1. 能够应用标准常数，建立其与化学平衡之间的联系。
2. 能够阐明化学反应等温方程。
3. 整理并归纳有关化学平衡常数计算的方法。
4. 归纳并总结平衡组成的计算方法。

能力目标

1. 能够建立化学平衡与实际化工、制药产业生产的内在逻辑。
2. 能够计算并分析化学平衡转化率和产率。
3. 能够运用比较、分类、归纳、概括等方法获取信息并进行加工。

素质目标

1. 吃苦耐劳、勇于承担责任，具有环境保护意识和良好的组织纪律性。
2. 珍惜资源、爱护环境、合理使用化学物质。

任务一 偏摩尔量与化学势

案例导入

对纯物质来讲，系统的广度性质具有严格的加和性。例如，在 298 K，101.325 kPa 下，50 mL 水和 50 mL 水混合，混合后总体积等于 100 mL。

但是，对多组分系统，是否也具有加和性呢？将 50 mL 水和 50 mL 乙醇搅拌后充分混合，结果表明，乙醇和水混合后的总体积不等于 100 mL，如图 5–1 所示。

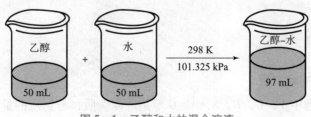

图 5–1 乙醇和水的混合溶液

$$50 \text{ mL } \text{水} + 50 \text{ mL } \text{乙醇} \neq 100 \text{ mL } \text{混合溶液}$$

$$V(\text{溶液}) \neq n_1 V_{1,\text{m}}^* + n_2 V_{2,\text{m}}^*$$

在 298 K，101.325 kPa 下，将不同浓度的乙醇和水混合，混合后溶液的总体积等于混合前乙醇的体积加上水的体积吗？

如表 5 - 1 和图 5 - 2 所示，实验表明，溶液混合后的总体积不等于混合前乙醇的体积加上水的体积，混合后的总体积总是比混合前的总体积少，且混合后的总体积与溶液的浓度呈线性关系，并不是简单的体积加和关系。

表 5 - 1 不同质量分数的乙醇和水混合前后的体积

乙醇质量分数(%)	乙醇体积/mL	水的体积/mL	溶液体积(混合前)/mL	溶液体积(混合后)/mL	偏差 ΔV/mL
10	12.67	90.36	103.03	101.84	1.19
30	38.01	70.28	108.29	104.84	3.45
50	63.35	50.20	113.55	109.43	4.12
70	88.69	30.12	118.81	115.21	3.60
90	114.03	10.04	124.07	122.25	1.82

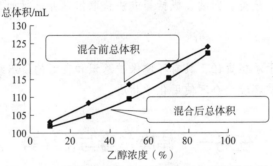

图 5 - 2 不同质量分数的乙醇和水混合前后的体积

问题引入

为什么乙醇和水混合前后总的体积不相等？

混合物的其他广度量(U，H，S，A，G 等)，也同样不能简单地加和吗？

对于混合物如何研究广度量，使其具有类似纯态物质的广度量与其摩尔量简单的线性关系 $Z = \sum n_i Z_i^*$？

一、偏摩尔量

1. 单组分系统的摩尔量

体系的状态函数中 V，U，H，S，A，G 等是广度性质，与物质的量有关。设由物质 B 组成的单组分体系的物质的量为 n_B，则各摩尔热力学函数值的定义式如表 5 - 2 所示。这些摩尔热力学函数值都是强度性质。

表 5 – 2　各摩尔热力学函数值的定义式

各摩尔热力学函数值	定义式
摩尔体积	$V_{m,B}^* = \dfrac{V}{n_B}$
摩尔热力学能	$U_{m,B}^* = \dfrac{U}{n_B}$
摩尔焓	$H_{m,B}^* = \dfrac{H}{n_B}$
摩尔熵	$S_{m,B}^* = \dfrac{S}{n_B}$
摩尔 Helmholtz 自由能	$A_{m,B}^* = \dfrac{A}{n_B}$
摩尔 Gibbs 自由能	$G_{m,B}^* = \dfrac{G}{n_B}$

2. 多组分系统的偏摩尔量

（1）偏摩尔量的定义。

以偏摩尔体积为例，将两种组分 A，B 混合成溶液，则溶液的总体积 V 不仅与温度 T、压强 p 有关，而且与各组分的摩尔数有关，即 $V = f(T, p, n_A, n_B)$。当系统状态发生微小变化时，用全微分表示：

$$dV = \left(\frac{\partial V}{\partial T}\right)_{p, n_A, n_B} dT + \left(\frac{\partial V}{\partial p}\right)_{T, n_A, n_B} dp + \left(\frac{\partial V}{\partial n_A}\right)_{T, p, n_B} dn_A + \left(\frac{\partial V}{\partial n_B}\right)_{T, p, n_A} dn_B$$

如果是等温、等压条件（dT，dp 为 0）下变化，令

$$\left(\frac{\partial V}{\partial n_A}\right)_{T, p, n_B} = V_{m,A}, \left(\frac{\partial V}{\partial n_B}\right)_{T, p, n_A} = V_{m,B}$$

则

$$dV = V_A dn_A + V_B dn_B$$

式中　$V_{m,A}$，$V_{m,B}$——组分 A，B 的偏摩尔体积。

将上面讨论的结果推广到一般情况，设有一个由组分 1，2，3，$\cdots$，k 所组成的多元体系，体系的任一广度性质 Z（可以是 V，U，H，S，A，G 等）按照前面的推导，可以得到多组分系统的某个广度性质：

$$dZ = \left(\frac{\partial Z}{\partial T}\right)_{p, n_i} dT + \left(\frac{\partial Z}{\partial p}\right)_{T, n_i} dp + \sum_B \left(\frac{\partial Z}{\partial n_B}\right)_{T, p, n_{c \neq B}} dn_B$$

在等温、等压条件下,可表示为

$$dZ = \sum_B \left(\frac{\partial Z}{\partial n_B}\right)_{T, p, n_{c \neq B}} dn_B \tag{5-1}$$

$$Z_{m,B} = \left(\frac{\partial Z}{\partial n_B}\right)_{T, p, n_{c \neq B}} \tag{5-2}$$

式中 $Z_{m,B}$——某物质 B 的某种广度性质 Z 的偏摩尔量；

　　　　n_c——除物质 B 之外的所有的物质的量。

（2）偏摩尔量的物理意义。

1）在等温等压条件下，在无限大量的组分一定的某一体系中加入 1 mol 物质 B 所引起的体系广度性质 Z 的改变值，称为物质 B 的偏摩尔量。

2）在等温等压条件下，在组成一定的有限量体系中，加入无限小量 dn_B 的物质 B 后，体系广度性质 Z 改变了 dZ，dZ 与 dn_B 的比值就是 $Z_{m,B}$。

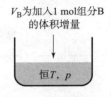

图 5-3　混合溶液体积的变化

例如，在两种组分 A，B 混合的溶液中，偏摩尔体积 $V_{m,B}$ 的物理意义指的是在 T，p 和 n_A 不变的条件下，当有 1 mol 的组分 B 加入溶液中时，溶液体积的改变，如图 5-3 所示。

使用偏摩尔量时应注意以下几点。

1）只有在等温、等压、保持组分 B 以外的所有组分的物质的量不变的条件下，体系某个广度性质随组分 B 摩尔数的变化率，才是组分 B 的偏摩尔量，其他条件都不对。

2）只有体系的广度性质才与物质的量有关，因而才有偏摩尔量，而强度性质如 T，p 没有偏摩尔量。但偏摩尔量是两个广度性质之比，为强度性质。

3）任何偏摩尔量都是 T，p 和其系统组成的函数。

（3）偏摩尔量的集合公式。

在保持偏摩尔量不变的情况下，对式（5-1）进行积分得：

$$Z = Z_1 \int_0^{n_1} dn_1 + Z_2 \int_0^{n_2} dn_2 + \cdots + Z_k \int_0^{n_k} dn_k$$

$$Z = \sum_B n_B Z_{m,B} \tag{5-3}$$

式（5-3）称为偏摩尔量的集合公式，说明体系总的容量性质等于各组分偏摩尔量的加和。

例如，体系只有两个组分 A 和 B，其物质的量和偏摩尔体积分别为 n_A，$V_{m,A}$ 和 n_B，$V_{m,B}$。则体系的总体积为

$$V = n_A V_{m,A} + n_B V_{m,B}$$

即系统的广度性质并不等于各组分该性质的摩尔量与物质的量乘积之和，而是等于各组分偏摩尔量 $Z_{m,B}$ 与物质的量 n_B 乘积之和。写成一般式如表 5-3 所示。由式（5-3）可知，纯物质的偏摩尔量就是其摩尔量。

表 5-3　偏摩尔量的集合公式

集合公式	偏摩尔量	纯物质的偏摩尔量
$U = \sum_B n_B U_{m,B}$	$U_{m,B} = \left(\dfrac{\partial U}{\partial n_B}\right)_{T,p,n_c \neq B}$	$U_{m,B} = U_{m,B}^*$
$H = \sum_B n_B H_{m,B}$	$H_{m,B} = \left(\dfrac{\partial H}{\partial n_B}\right)_{T,p,n_c \neq B}$	$H_{m,B} = H_{m,B}^*$
$A = \sum_B n_B A_{m,B}$	$A_{m,B} = \left(\dfrac{\partial A}{\partial n_B}\right)_{T,p,n_c \neq B}$	$A_{m,B} = A_{m,B}^*$

集合公式	偏摩尔量	纯物质的偏摩尔量
$S = \sum\limits_{B} n_B S_{m,B}$	$S_{m,B} = \left(\dfrac{\partial S}{\partial n_B}\right)_{T,p,n_c \neq B}$	$S_{m,B} = S_{m,B}^{*}$
$G = \sum\limits_{B} n_B G_{m,B}$	$G_{m,B} = \left(\dfrac{\partial G}{\partial n_B}\right)_{T,p,n_c \neq B} = \mu_B$	$G_{m,B} = G_{m,B}^{*}$

【实战演练 5 – 1】 有一水和乙醇形成的混合溶液，水的物质的量分数为 0.6，乙醇的偏摩尔体积为 57.5 mL·mol^{-1}，该溶液的密度为 0.849 4 g·mL^{-1}，计算此溶液中水的偏摩尔体积。

解：根据式(5–3)可得混合溶液的总体积：

$$V = n_{水} V_{m,水} + n_{乙醇} V_{m,乙醇}$$

混合溶液总的体积：

$$V = \frac{m}{\rho} = \frac{0.6 \times 18 + 0.4 \times 46}{0.849\ 4} = 34.38(\text{mL})$$

$$34.38 = 0.6 \times V_{m,水} + 0.4 \times 57.5$$

因此，溶液中水的偏摩尔体积：

$$V_{m,水} = 18.97\ \text{mL} \cdot \text{mol}^{-1}$$

【实战演练 5 – 2】 有一 298 K，物质的量分数为 0.6 的甲醇水溶液，往大量的该溶液中加入 1 mol 的水，溶液体积增加 17.35 mL；往大量的该溶液中加入 1 mol 的甲醇，溶液体积增加 39.01 mL。那么将 0.6 mol 的甲醇及 0.4 mol 的水混合成溶液时，总体积为多少？混合过程中体积变化如何？已知 298 K 时甲醇和水的密度分别为 0.791 1g·mL^{-1} 和 0.997 1g·mL^{-1}。

解：由题可知，水的偏摩尔体积 $V_{m,水} = 17.35$ mL·mol^{-1}。

甲醇的偏摩尔体积 $V_{m,甲醇} = 39.01$ mL·mol^{-1}。

混合后溶液总的体积：

$$V = n_{水} V_{m,水} + n_{甲醇} V_{m,甲醇} = 0.4 \times 17.35 + 0.6 \times 39.01 = 30.35\ \text{mL}$$

混合前总的体积：

$$V = n_{水} V_{m,水}^{*} + n_{甲醇} V_{m,甲醇}^{*} = 0.4 \times \frac{18}{0.997\ 1} + 0.6 \times \frac{32}{0.791\ 1} = 31.49\ \text{mL}$$

则混合过程中体积变化为

$$\Delta V = 31.49 - 30.35 = 1.14\ \text{mL}$$

二、化学势

1. 化学势的定义

系统中任一组分 B 的偏摩尔吉布斯函数 $G_{m,B}$ 也称组分 B 的化学势，用符号 μ_B 表示。这是因为化学变化、相变化通常在恒温恒压下进行，吉布斯函数是该条件下自发过程方向和限度的判据。因此，吉布斯和路易斯提出将偏摩尔吉布斯函数定义为化学势：

$$\mu_B = G_{m,B} = \left(\frac{\partial G}{\partial n_B}\right)_{T,p,n_c \neq B} \qquad (5-4)$$

在恒温恒压下，吉布斯函数的变化可写作：

$$dG = \sum_B G_{m,B} \, dn_B = \sum_B \mu_B \, dn_B \qquad (5-5)$$

其物理含义是：在恒温恒压下，除组分 B 外，其余组分的量均不变，组分 B 的量发生微小变化所引起系统的吉布斯函数 G 随组分 B 的物质的量的变化率。

多组分多相系统的吉布斯函数：对于多组分多相系统，发生相变化或化学变化时，其中的任意一相均可看作均相敞开系统。如果多相系统有 α，β，…等相，发生相变化或化学变化时，只要对系统内各相求和，系统的吉布斯函数由式(5-5)就进一步拓展为

$$dG = dG^\alpha + dG^\beta + \cdots = \sum_B \mu_B^\alpha dn_B^\alpha + \sum_B \mu_B^\beta dn_B^\beta + \cdots = \sum_\alpha \sum_B \mu_B^\alpha dn_B^\alpha \qquad (5-6)$$

式中　α——各相。

2. 化学势判据

对于多组分系统，在定温、定压、$W'=0$ 的封闭体系中，根据吉布斯函数判据：

$$dG \begin{cases} <0, \text{自发} \\ =0, \text{平衡} \end{cases}$$

可知，若系统为均相，则在定温、定压、$W'=0$ 的封闭体系中：

$$\sum_B \mu_B \, dn_B \begin{cases} <0, \text{自发} \\ =0, \text{平衡} \end{cases} \qquad (5-7)$$

若系统为多相，则在定温、定压、$W'=0$ 的封闭体系中：

$$\sum_\alpha \sum_B \mu_B^\alpha dn_B^\alpha \begin{cases} <0, \text{自发} \\ =0, \text{平衡} \end{cases} \qquad (5-8)$$

式(5-7)和式(5-8)就是化学势判据。

3. 化学势在相平衡中的应用

在定温、定压及 $W'=0$ 的条件下，如果系统已经达到平衡，则

$$dG = 0,$$

即

$$\sum_B \mu_B \, dn_B = 0$$

现在，假设某体系有 α 和 β 两个相，有物质的量为 dn_B 的纯物质 B，在恒温、恒压、不做非体积功的条件下由 α 相转移到 β 相，如图 5-4 所示。

则根据式(5-5)可知，α 相的吉布斯函数变化为

$$dG^\alpha = -\mu_B^\alpha \, dn_B$$

β 相的吉布斯函数变化为

$$dG^\beta = \mu_B^\beta \, dn_B$$

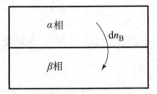

图 5-4　相间转移

则体系总的吉布斯函数的变化为

$$dG = dG^\alpha + dG^\beta = -\mu_B^\alpha \, dn_B + \mu_B^\beta \, dn_B = (\mu_B^\beta - \mu_B^\alpha) \, dn_B$$

根据吉布斯函数判据可知，如果这个相变化能自发进行时：

$$dG < 0, \quad \mu_B^\beta < \mu_B^\alpha$$

当两相处于相平衡状态时：

$$dG = 0, \quad \mu_B^\beta = \mu_B^\alpha$$

由此可见，多组分系统多相平衡的条件：除系统中各相的温度和压强相等以外，任意组分 B 在各相中的化学势必须相等，即

$$\mu_B^\beta = \mu_B^\alpha = \cdots = \mu_B^\varphi$$

相变化自发进行的方向必然是物质 B 从化学势较大的相向化学势较小的相转移，直到物质 B 在两相中的化学势相等为止，即化学势决定相转移的方向和限度。

 知识拓展

化学势在反渗透技术中的应用

反渗透又称逆渗透，以压力差为推动力，用膜从溶液中分离出溶剂。如果把相同体积的稀溶液(如淡水)和浓溶液(如海水或盐水)用半透膜阻隔，稀溶液中的溶剂将自然地穿过半透膜，向浓溶液侧渗透，浓溶液的液面将会比稀溶液的液面高出一定高度，渗透平衡状态会出现压力差，这种压力差即为渗透压。渗透压的大小与溶液的种类、浓度和温度有关，与半透膜的性质无关。若在浓溶液侧施加一个大于渗透压的压力时，浓溶液中的溶剂会向稀溶液流动，此种溶剂的流动方向与原来渗透的方向相反，这一过程称为反渗透，如图 5-5 所示。

为什么在没有外加压力的情况下，低浓度和高浓度液体在渗透膜两侧会存在压力差？这是因为在渗透膜两侧存在化学势。因此，反渗透过程并不是像过筛子一样那么简单。反渗透膜能够挡住钠离子、氯离子、钾离子等单价键的离子，更大直径的高价键离子、杂质、有机物、细菌、病毒等也会

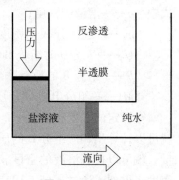

图 5-5　反渗透

被挡住。现在的海水淡化以及太空中废水回收处理均采用此方法，因此反渗透膜又称体外的高科技"人工肾脏"。

实验任务　偏摩尔体积的测定

一、实验依据

在定温、定压下，由于 A，B 二组分物质的量 n 的微小变化而引起系统体积 V 的变化可表示为

$$V = V_{m,A} n_A + V_{m,B} n_B \tag{5-9}$$

式中，$V_{m,A}$，$V_{m,B}$ 彼此不是相互独立的，$V_{m,A}$ 的变化将引起 $V_{m,B}$ 的变化，反之亦然。因而难以用式(5-9)直接求取 $V_{m,A}$，$V_{m,B}$。本实验用 $Q-\sqrt{b}$ 作图法求取二组分系统的偏摩尔体积 $V_{m,A}$，$V_{m,B}$。

式(5-9)可写成：

$$V = V_{m,A}^* n_A + Q n_B$$

式中　$V_{m,A}^*$——纯组分 A 的摩尔体积；

　　　Q——组分 B 的表观摩尔体积。

$$Q = \frac{V - V_{m,A}^* n_A}{n_B}$$

经推导可以得到如下 4 个关系式：

$$Q = \frac{1}{b\rho\rho_A}(\rho_A - \rho) + \frac{M_B}{\rho} \tag{5-10}$$

$$Q = Q_0 + \sqrt{b}\frac{\partial Q}{\partial \sqrt{b}} \tag{5-11}$$

$$V_A = V_{m,A}^* - \frac{b^2}{55.51}\left(\frac{1}{2\sqrt{b}} \cdot \frac{\partial Q}{\partial \sqrt{b}}\right) \tag{5-12}$$

$$V_B = Q_0 + \frac{3}{2}\sqrt{b}\left(\frac{\partial Q}{\partial \sqrt{b}}\right)_{T,p,n_A} \tag{5-13}$$

式中　ρ——溶液的密度；

　　　ρ_A——纯组分 A 的密度；

　　　Q_0——b 为 0 时组分 B 的表观摩尔体积；

　　　b——组分 B 的质量摩尔浓度；

　　　M_B——组分 B 的摩尔质量。

在恒定的温度和压强下，通过称量组分 A 和组分 B 的质量，就可以计算出相应组分 B 的质量摩尔浓度 b，通过称量溶液的质量，就可以得到溶液的密度 ρ，组分 A 的密度 ρ_A 可以通过查阅密度表得到。通过式(5-10)计算出相应的 Q 值。

根据式(5-11)，若用 Q 对 $\sqrt{b}$ 作图，则得到一直线，如图 5-6 所示。

从图 5-6 中可得到 Q_0 和斜率 $\frac{\partial Q}{\partial \sqrt{b}}$，根据需要，取不同的 b 值，通过式(5-12)和式(5-13)可以得到组分 A 和组分 B 在该浓度下的偏摩尔体积 $V_{m,A}$，$V_{m,B}$。

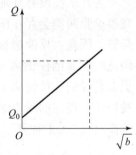

图 5-6　$Q - \sqrt{b}$ 关系

二、任务准备

1. 试剂

NaCl、蒸馏水。

2. 仪器

恒温槽、分析天平、相对密度瓶、磨口锥形瓶(150 mL)、量筒、烧杯 1 个、滴管。

三、实验过程

实验过程具体内容如表 5-4 所示。

表 5-4　实验过程

任务	实施步骤	实验记录
配制溶液	用 150 mL 磨口锥形瓶准确配制质量摩尔浓度分别为 1.0 mol · kg⁻¹、1.5 mol · kg⁻¹、2.0 mol · kg⁻¹、3.0 mol · kg⁻¹、4.0 mol · kg⁻¹的 NaCl 溶液约 100 mL。 　　先称锥形瓶的质量，小心加入适量的 NaCl，再称量。用量筒加入所需的蒸馏水后称量。 　　用减量法分别求出 NaCl 和水的质量，并分别求出它们的质量摩尔浓度	1. 记录： 室温 = _____℃ 大气压力 = _____ Pa 实验温度 = _____℃ 蒸馏水密度： ρ_A = _____ g/ mL 2. 实验数据记录如表 5-5 所示
用相对密度瓶测溶液的密度	称干燥的空瓶质量，装入蒸馏水，并在 35 ℃下恒温（至少应比室温高）10 min。用滤纸吸走溢出的液体，取出并擦干相对密度瓶，再称量。重复以上操作，至称量结果 ±0.2 mg。 　　用同法测五种溶液的质量。均应重复三次，至结果 ±0.2 mg	
结束工作	1. 结束后倒掉废液，清理台面，洗净用具并归位。 2. 关闭水源和电源总闸	

使用相对密度瓶时应注意：相对密度瓶内外表面要干净；称量空相对密度瓶时一定要充分干燥，干燥后的相对密度瓶勿用手触摸；称量时相对密度瓶应在天平上放置 10 min 后再称量；室温要低于恒温温度，防止恒温后液体因室温高于恒温温度体积膨胀而溢出；恒温后装满液体的相对密度瓶不要用手捂热，防止液体溢出；在精密测量中，实际空瓶的质量应该是空瓶称量数值与瓶中空气的质量之差。

实验数据如表 5-5 所示。

表 5-5　实验数据

序号	m_{NaCl}/g	m_{NaCl+H_2O}/g	m_0/g	m_1/g	m_2/g
1					
2					
3					

序号	m_{NaCl}/g	m_{NaCl+H_2O}/g	m_0/g	m_1/g	m_2/g
4					
5					

四、实验结果

（1）按表 5 – 5 内容，计算每一种溶液的质量摩尔浓度 b，$\sqrt{b}$，ρ 和 Q，并填写到表 5 – 6 中。

表 5 – 6　实验数据

序号	$b = \dfrac{n_{NaCl}}{m_{NaCl} \cdot m_{H_2O}}$ / $(mol \cdot kg^{-1})$	$\sqrt{b}$	称量平均值			$\rho = \dfrac{m_2 - m_0}{m_1 - m_0} \cdot \rho_A$ / $(g \cdot mL^{-1})$	Q
			m_0/g	m_1/g	m_2/g		
1							
2							
3							
4							
5							

（2）作 Q – $\sqrt{b}$图，由 Q – $\sqrt{b}$图求取 Q_0 和 $\dfrac{\partial Q}{\partial \sqrt{b}}$。

（3）计算实验温度及大气压下，$b = 0.5\ mol \cdot kg^{-1}$ 和 $b = 1.0\ mol \cdot kg^{-1}$时 H_2O 和 $NaCl$ 的偏摩尔体积。

（4）思考与讨论。

1）使用相对密度瓶应注意哪些问题？

2）如何使用相对密度瓶测量粒状固体物的密度？

3）本实验的关键操作是什么？如何保证溶液密度测量的精度？

五、检查与评价

学生完成本项目实验的学习后，通过自评、小组互评来检查自己对本任务学习的掌握情况。指导教师在整个教学过程中，关注每个小组的检测过程及小组成员的动手能力，并对小组成员动手能力进行评价，学生对所学的各项任务进行抽签决定考核的内容。将具体的检查与评价填入表 5 – 7 中。

表 5-7　检查与评价

项目	评价标准	分值	学生自评	小组互评	教师评价
方案制定与准备	认真负责、一丝不苟地进行资料查阅，确定实验依据	10			
	协同合作制定方案并合理分工	5			
	相互沟通完成方案诊改	5			
	正确清洗及检查仪器	10			
实验测定	正确进行仪器准备	10			
	准确测量，规范操作	10			
	数据记录正确、完整、美观	10			
	正确计算结果，按照要求进行数据修约	10			
	规范编制检测报告	10			
结束工作	结束后倒掉废液，清理台面，洗净用具并归位	5			
	关闭仪器电源，清洗玻璃器皿并归位	10			
	文明操作，合理分工，按时完成	5			

 素质拓展训练

一、选择题

（1）在 298 K 和标准压力下，苯和甲苯形成理想的液态混合物。第一份混合物体积为 4 dm^3，苯的物质的量分数为 0.5，化学势为 μ_1；第二份混合物的体积为 2 dm^3，苯的物质的量分数为 0.75，化学势为 μ_2，则（　　）。

A. $\mu_1 > \mu_2$ 　　　　　　　　　　B. $\mu_1 < \mu_2$

C. $\mu_1 = \mu_2$ 　　　　　　　　　　D. μ_1 与 μ_2 大小不确定

（2）4 mol 物质 A 和 6 mol 物质 B 在等温、等压下，混合形成理想液态混合物，该系统中物质 A 和 B 的偏摩尔体积分别为 $1.79 \times 10^{-5} m^3 \cdot mol^{-1}$，$2.15 \times 10^{-5} m^3 \cdot mol^{-1}$，则混合物的总体积为（　　）。

A. $1.93 \times 10^{-4} m^3$ 　　　　　　B. $2.01 \times 10^{-4} m^3$

C. $1.85 \times 10^{-4} m^3$ 　　　　　　D. $1.95 \times 10^{-4} m^3$

二、判断题

（1）溶液的化学势等于溶液中各组分化学势之和。　　　　　　　　　（　　）

（2）系统达到平衡时，偏摩尔量为一个确定的值。　　　　　　　　　（　　）

（3）偏摩尔量因为与浓度有关，因此它不是一个强度性质。　　　　　（　　）

（4）化学势判据就是 Gibbs 自由能判据。　　　　　　　　　　　　　（　　）

三、计算题

（1）将 0.7 mol 的乙醇（B）和 0.3 mol 的水（A）混合得到乙醇的水溶液，溶液的密度为 849.4 kg·m^{-3}。已知溶液中乙醇的偏摩尔体积 $V_B = 64.5 \times 10^{-6}$ mol，试求溶液中水的偏摩尔体积 V_A。已知水和乙醇的摩尔质量分别为 $M_A = 18$ g·moL^{-1}，$M_B = 46$ g·moL^{-1}。

（2）已知纯水的密度为 0.999 1 g·cm^{-3}，浓度为 2 mol·dm^{-3} 的乙醇水溶液的密度为 0.849 8 g·cm^{-3}，水和乙醇的偏摩尔体积分别为 24.85 cm^3·mol^{-1}，48.05 cm^3·mol^{-1}。试求配制体积为 1 dm^3、浓度为 2 mol·dm^{-3} 的乙醇水溶液需要加多少体积的水。

任务二　化学反应的方向与限度

案例导入

"金刚石疯了"：如图 5-7 所示，在 298.15 K、标准状态下，金刚石变成了石墨。金刚石"发疯"的背后隐藏着什么原理？

化学反应 C（金刚石）══C（石墨）；$\Delta_r G_m^{\ominus} = -2.9$ kJ·mol^{-1} < 0 kJ·mol^{-1}，金刚石转变成石墨的化学反应过程中，反应的标准摩尔吉布斯函数小于零，故该反应是自发的。

金刚石　　　　　　　　石墨

图 5-7　金刚石变石墨

问题引入

石墨能转变成金刚石吗？

在 298.15 K、标准状态下，金刚石能完全自发转变成石墨吗？

一、摩尔反应吉布斯函数

对任一化学反应

$$aA + bB \rightleftharpoons cC + dD$$

对单相封闭体系，当温度、压强恒定且不做非体积功（d$T = 0$，d$p = 0$，$W' = 0$），反应发生一微小变化时，体系的吉布斯函数变化值为

$$dG_{T,p} = \sum_B \mu_B dn_B = \mu_A dn_A + \mu_B dn_B + \mu_C dn_C + \mu_D dn_D$$

反应系统中各物质变化值不同，根据反应进度的定义有

$$d\xi = \frac{dn_A}{(-a)} = \frac{dn_B}{(-b)} = \frac{dn_C}{c} = \frac{dn_D}{d}$$

化学反应方向
及平衡条件

也可表示为通式：

$$dn_B = v_B d\xi \tag{5-14}$$

若吉布斯函数变化值用反应进度表达，则

$$dG_{T,p} = \sum_B v_B \mu_B d\xi = (-a\mu_A - b\mu_B + c\mu_C + d\mu_D)d\xi$$

或

$$\Delta_r G_m = \left(\frac{\partial G}{\partial \xi}\right)_{T,p} = \sum_B v_B \mu_B \tag{5-15}$$

式中　B——各物质；

$\quad\quad v_B$——化学计量数，对产物而言为正值，对反应物而言为负值；

$\quad\quad \mu_B$——物质 B 的化学势。

$\Delta_r G_m$ 指在恒温恒压，$W' = 0$，体系为无限大时发生一个单位反应（反应进度等于 1 mol）时吉布斯函数的变化，称为反应的摩尔吉布斯函数，单位为 $J \cdot mol^{-1}$。$\left(\frac{\partial G}{\partial \xi}\right)_{T,p}$ 则表示有限体系中发生的微小变化。

式（5-15）适用条件如下。

（1）等温、等压、不做非体积功的化学反应。

（2）反应过程中，各物质的化学势 μ_B 保持不变。

在反应过程中，保持 μ_B 不变的条件：在有限量的系统中发生无限小的反应（即反应进度 ξ 无限小），系统中各物质量的无限小变化不会引起各物质浓度的变化，因而其化学势不变；或在无限大的系统中发生了 1 mol 的化学反应各物质的浓度不会改变，因而其化学势也不变。

二、化学反应的方向与限度的判据

以最简单的只有理想液态混合物参加的化学反应来进行讨论。

根据化学势判据，若系统为均相，则在定温、定压、$W' = 0$ 的封闭体系中：

$$\sum_B \mu_B dn_B \begin{cases} < 0, & \text{自发} \\ = 0, & \text{平衡} \end{cases}$$

结合式（5-15），$\Delta_r G_m = \left(\frac{\partial G}{\partial \xi}\right)_{T,p} = \sum_B v_B \mu_B$ 可知，用 $\left(\frac{\partial G}{\partial \xi}\right)_{T,p}$，$\Delta_r G_m$ 或者 $\sum_B v_B \mu_B$ 做判据都是等效的。即 $(\Delta_r G_m)_{T,p} \leq 0$ 或 $\sum_B \mu_B dn_B \leq 0$，反应自发地向右进行；$(\Delta_r G_m)_{T,p} > 0$ 或 $\sum_B \mu_B dn_B > 0$，反应自发地向左进行；$(\Delta_r G_m)_{T,p} = 0$ 或 $\sum_B \mu_B dn_B = 0$，反应达到平衡。

用 $\left(\frac{\partial G}{\partial \xi}\right)_{T,p}$ 判断时，相当于 G-ξ 图上曲线的斜率，因为是微小变化，所以反应进度处于 0～1 mol 之间，如图 5-8 所示。

以反应 D+E——→2F 为例，假如体系中的物质 D，E，F 各自以纯态存在而没有相互混合，则体系的吉布斯函数随反应进度 ξ 的变化呈线性关系，即图 5-8 中的虚线所示。

但是，实际的化学反应总是在反应物与产物混合的条件下进行，混合后的吉布斯函数（图 5-8 中的实线）总是比混合前的吉布斯函数（图 5-8 中的虚线）要小，且由于随着反应进行各组分的浓度随反应进度的改变而改变，因此各物质的化学势是反应进度的函数，并在反应达到平衡($\xi = \xi_c$)时出现一极小值。此时，反应进度 $\xi \neq 1$，故化学反应不能完全进行。

在反应过程中，体系的吉布斯函数随反应过程的变化如图 5-9 所示。

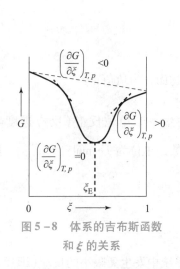

图 5-8　体系的吉布斯函数
和 ξ 的关系

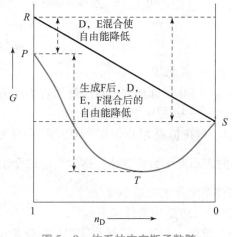

图 5-9　体系的吉布斯函数随
反应过程的变化

R 表示 D 和 E 未混合时吉布斯函数之和。

P 表示 D 和 E 混合后吉布斯函数之和，混合使体系吉布斯函数下降。

T 表示反应达到平衡时，所有物质的吉布斯函数之和，包括混合吉布斯函数。

S 表示纯产物 F 的吉布斯函数。

可以看出，T 点是曲线的最低点，当化学反应进行到 T 点时，无论正向还是逆向进行，都会使吉布斯函数升高，所以化学反应就"停顿"在 T 点，即处于化学平衡。

 知识拓展

葡萄糖的代谢

在葡萄糖的代谢过程中，第一步是葡萄糖转化为 6-磷酸葡萄糖。

（1）$C_6H_{12}O_6 + 磷酸盐 \longrightarrow 6-磷酸葡萄糖 + H_2O(1)$；

$$\Delta_r G_{m,1}^{\ominus}(310\ K) = 13.4\ kJ \cdot mol^{-1}$$

可以看出，在 310 K，pH = 7.0 的生理条件下，这一步反应的吉布斯函数变化是很大的正值，反应不能直接进行。然而当这个反应被三磷酸腺苷（adenosine triphosphate，ATP）的水解反应耦合驱动以后，就可以进行。

（2）$ATP + H_2O(1) \longrightarrow ADP + 磷酸盐$；

$$\Delta_r G_{m,2}^{\ominus}(310\ K) = -30.5\ kJ \cdot mol^{-1}$$

其中，ADP 代表二磷酸腺苷（adenosine diphosphate）。ATP 的水解是一个较强的放热反应，其提供的能量可用于生物体内蛋白质及核酸的合成、无机离子及养料的主动转运、人体运动时的肌肉收缩和神经细胞的电活性等。反应(1)与反应(2)耦合后得反应(3)。

(3) $C_6H_{12}O_6 + ATP \longrightarrow 6 -$ 磷酸葡萄糖 $+ ADP$；

$$\Delta_r G_{m,3}^{\ominus}(310 \text{ K}) = -17.1 \text{ kJ} \cdot \text{mol}^{-1}$$

在生理条件下，反应(3)的吉布斯函数变化为负值，反应能自发进行。ATP 消耗后，可通过另外的途径再生(例如，通过糖酵解合反应使 ATP 再生)，ATP 在生物代谢循环中具有重要的地位，所以它有"生物能量的硬通货"之称。

生物体内有许多单一酶催化的反应，可看作是吸热反应和放出更大能量的放热反应通过一个共用的中间体而发生耦合，从而导致总反应的吉布斯函数变化值小于零。

 素质拓展训练

一、选择题

(1) 化学反应系统在恒温、恒压下发生 $\xi = 1$ mol 反应所引起体系吉布斯函数变化值 $\Delta_r G_m$ 正好等于 $\left(\dfrac{\partial G}{\partial \xi}\right)_{T,p,w'=0}$ 的条件是(　　)。

A. 系统发生 1 mol 反应

B. 反应达到平衡

C. 反应物处于标准态

D. 无穷大系统中所发生的单位反应

(2) 在温度、压强恒定下，化学反应达到平衡时，下列式子中(　　)不一定成立。

A. $\Delta_r G_m^{\ominus} = 0$ 　　　　　　　　　　B. $\Delta_r G_m = 0$

C. $\sum\limits_{B} v_B \mu_B = 0$ 　　　　　　　　D. $\left(\dfrac{\partial G}{\partial \xi}\right)_{T,p} = 0$

(3) 恒温、恒压下化学反应达到平衡时 $\Delta_r G_m$(　　)0。

A. > 　　　　　　B. = 　　　　　　C. < 　　　　　　D. ⩾

(4) 300 K 下，某真空容器中通入 A，B 两种理想气体，使 $p_A = p_B = 20$ kPa，已知反应 $A(g) \longrightarrow 2B(g)$，在此温度下反应的 $K^{\ominus} = 1$。则上述条件下，反应(　　)。

A. 向左进行 　　　　　　　　　B. 向右进行

C. 处于平衡状态 　　　　　　　D. 方向无法判断

二、判断题

(1) 在恒温、恒压下，一个化学反应的吉布斯自由能变等于其反应热。(　　)

(2) 如果一个化学反应的吉布斯自由能变为负值，则该反应在任何温度下都能自发进行。(　　)

(3) 摩尔反应吉布斯函数是温度的函数，与压力无关。(　　)

(4) 对于一个放热反应，如果其吉布斯自由能变为正值，那么该反应一定不能自发进行。(　　)

任务三 平衡常数的表示方法

案例导入

赫伯特·克拉克·胡佛是美国第 31 任总统，他 24 岁来中国河北唐山"打工"，发现中国开采金矿水平低，许多过滤完的矿金被直接丢弃了。胡佛凭借自己掌握的化学知识，断定这些"废弃物"中仍有较多的黄金，因此，他利用化学知识"废物利用"，纯净的金（Au）就被提取出来了。

（1）氰化钠的稀溶液与矿砂中的 Au 发生反应，使 Au 呈络合物而溶解：

$$2Au + 4NaCN + \frac{1}{2}O_2 + H_2O === 2Na[Au(CN)_2] + 2NaOH$$

（2）锌粒与滤液作用，发生置换反应，纯净的 Au 就被提取出来：

$$Zn + Na[Au(CN)_2] === Na_2[Zn(CN)_4] + 2Au$$

对于反应（1），$\Delta_r G_m^{\ominus}(298\ K) = -190.443\ kJ \cdot mol^{-1}$。

根据 $\Delta_r G_m^{\ominus} = -RT\ln K^{\ominus}$，该反应在 298 K 时的标准平衡常数：

$$\ln K^{\ominus} = -\frac{\Delta_r G_m^{\ominus}}{RT} = 76.87$$

$$K^{\ominus} = 2.414 \times 10^{33}$$

这种炼金技术在当时颇为先进。因此，成色尚好的黄金便源源不断地被提取出来。如何从摩尔反应吉布斯函数和平衡常数的角度解释该炼金技术？

一、理想气体反应的等温方程

对于等温、等压下，任一理想气体化学反应：

$$aA + bB \longrightarrow cC + dD$$

已知摩尔反应吉布斯函数的变化：

$$\Delta_r G_m = \sum_B v_B \mu_B$$

组分 B 的化学势：$\mu_B(T,p) = \mu_B^{\ominus}(T) + RT\ln\frac{p_B}{p^{\ominus}}$，将其代入 $\Delta_r G_m$ 得：

$$\Delta_r G_m = \sum_B v_B \mu_B = \sum_B v_B \left(\mu_B^{\ominus}(T) + RT\ln\frac{p_B}{p^{\ominus}} \right)$$

$$= \sum_B v_B \mu_B^{\ominus}(T) + RT\ln\frac{(p_C/p^{\ominus})^c (p_D/p^{\ominus})^d}{(p_A/p^{\ominus})^a (p_B/p^{\ominus})^b}$$

式中，$\sum_B v_B \mu_B^{\ominus} = \Delta_r G_m^{\ominus}$，并令 $Q_p = \frac{(p_C/p^{\ominus})^c (p_D/p^{\ominus})^d}{(p_A/p^{\ominus})^a (p_B/p^{\ominus})^b}$，则

$$\Delta_r G_m = \Delta_r G_m^{\ominus} + RT\ln Q_p \qquad (5-16)$$

式（5-16）称为化学反应的等温方程式（reaction isotherm）。其中，$\Delta_r G_m^{\ominus}$ 称为化学反应标准

摩尔吉布斯函数变化值，它仅是温度的函数，对指定反应，一定温度下有定值。Q_p 称为压力商，数值可改变。

当反应达到平衡时，$\Delta_r G_m = 0$，此时各组分的压力商为平衡时的压力商，即

$$\Delta_r G_m^{\ominus} = -RT\ln Q_{p,eq}$$

由于等式左边 $\Delta_r G_m^{\ominus}$ 只是温度的函数，故等式右边中平衡时的压力商 $Q_{p,eq}$ 在等温下也为一常数。令其为 $K_p^{\ominus}$，则

$$K_p^{\ominus} = Q_{p,eq} = \left[\frac{(p_C/p^{\ominus})^c (p_D/p^{\ominus})^d}{(p_A/p^{\ominus})^a (p_B/p^{\ominus})^b} \right]_{eq} \tag{5-17}$$

$K_p^{\ominus}$ 称为反应的标准平衡常数或热力学平衡常数，是量纲为 1 的量。因此，化学反应达到平衡：

$$\Delta_r G_m^{\ominus} = -RT\ln K_p^{\ominus} \tag{5-18}$$

将其代入式(5-16)，则化学反应等温方程式可表达为

$$\Delta_r G_m = -RT\ln K_p^{\ominus} + RT\ln Q_p = RT\ln \frac{Q_p}{K_p^{\ominus}} \tag{5-19}$$

比较一个化学反应任意状态下的压力商 Q_p 与标准平衡常数 $K_p^{\ominus}$ 的大小，就能根据式(5-19)判断反应自发进行的方向。

当 $Q_p < K_p^{\ominus}$ 时，$\Delta_r G_m < 0$，反应向右自发进行。

当 $Q_p = K_p^{\ominus}$ 时，$\Delta_r G_m = 0$，反应达到平衡。

当 $Q_p > K_p^{\ominus}$ 时，$\Delta_r G_m > 0$，反应向左自发进行。

推广到任意化学反应，只需用活度 a_B 代替分压 p_B。但是对不同的化学反应，a_B 具有不同的含义。理想气体的 $a_B = p_B/p^{\ominus}$；高压真实气体的 $a_B = f_B/p^{\ominus}$；理想稀溶液的 $a_B = x_B$；非理想溶液的 a_B 就是活度。

【实战演练 5-3】 已知理想气体反应：$N_2(g) + 3H_2(g) \Longleftrightarrow 2NH_3(g)$，在 298.15 K 时的热力学平衡常数 $K_p^{\ominus} = 5.97 \times 10^5$。试计算当 N_2，H_2 及 NH_3 的分压分别为 20 kPa，20 kPa 和 200 kPa 时反应的 $\Delta_r G_m$，并指明反应的方向。当 NH_3 的分压增大到 4 000 kPa 时，自发反应的方向又如何？

解：（1）由化学反应等温方程式有

$\Delta_r G_m = -RT\ln K_p^{\ominus} + RT\ln Q_p$

$= -8.314 \times 298.15 \times \ln(5.97 \times 10^5) + 8.314 \times 298.15 \times \ln \dfrac{(200/100)^2}{(20/100) \times (20/100)^3}$

$= -13\,573 \ \text{J} \cdot \text{mol}^{-1} < 0 \ \text{J} \cdot \text{mol}^{-1}$

自发反应是向着生成 NH_3 的方向进行。

（2）当 NH_3 的分压增大到 4 000 Pa 时，有

$\Delta_r G_m = -RT\ln K_p^{\ominus} + RT\ln Q_p$

$= -8.314 \times 298.15 \times \ln(5.97 \times 10^5) + 8.314 \times 298.15 \times \ln \dfrac{(4\,000/100)^2}{(20/100) \times (20/100)^3}$

$= 1\,279 \ \text{J} \cdot \text{mol}^{-1} > 0 \ \text{J} \cdot \text{mol}^{-1}$

此时自发反应逆向进行。

二、理想气体反应的标准平衡常数

理想气体的 $a_B = p_B/p^\ominus$，式（5-17）中的标准平衡常数可表示为

$$K^\ominus = K_a^\ominus = K_p^\ominus = \prod_B \left(\frac{p_B}{p^\ominus}\right) v_B = \prod_B a_B v_B \qquad (5-20)$$

式中 $\prod$——数学上的连乘号。

对于给定的化学反应，平衡常数可以看成反应所能达到限度的标志。标准平衡常数只是温度的函数。

（1）标准平衡常数 $K^\ominus$ 与化学计量式的写法有关。例如，

$$N_2(g) + 3H_2(g) \Longrightarrow 2NH_3(g)$$

$$K_1^\ominus = \frac{(p_{NH_3}/p^\ominus)^2}{(p_{N_2}/p^\ominus)(p_{H_2}/p^\ominus)^3}$$

$$\frac{1}{2}N_2(g) + \frac{3}{2}H_2(g) \Longrightarrow NH_3(g)$$

$$K_2^\ominus = \frac{(p_{NH_3}/p^\ominus)}{(p_{N_2}/p^\ominus)^{1/2}(p_{H_2}/p^\ominus)^{3/2}}$$

两者之间的关系为 $K_2^\ominus = (K_1^\ominus)^{1/2}$

（2）同一温度下相关反应的标准平衡常数之间存在一定关系。例如，

①$C(石墨) + \frac{1}{2}O_2(g) \Longrightarrow CO(g)$，$K_1^\ominus = \dfrac{(p_{CO}/p^\ominus)}{(p_{O_2}/p^\ominus)^{1/2}}$

②$CO(g) + \frac{1}{2}O_2(g) \Longrightarrow CO_2(g)$，$K_2^\ominus = \dfrac{(p_{CO_2}/p^\ominus)}{(p_{CO}/p^\ominus)(p_{O_2}/p^\ominus)^{1/2}}$

③$C(石墨) + O_2(g) \Longrightarrow CO_2(g)$，$K_3^\ominus = \dfrac{(p_{CO_2}/p^\ominus)}{(p_{O_2}/p^\ominus)}$

反应③ = 反应① + 反应②：$K_3^\ominus = K_2^\ominus K_1^\ominus$

反应② = 反应③ - 反应①：$K_2^\ominus = K_3^\ominus/K_1^\ominus$

（3）正逆反应的平衡常数互为倒数关系。

$$N_2(g) + 3H_2(g) \Longrightarrow 2NH_3(g)，K_1^\ominus$$
$$2NH_3(g) \Longrightarrow N_2(g) + 3H_2(g)，K_2^\ominus$$

$$K_2^\ominus = \frac{1}{K_1^\ominus}$$

三、平衡常数的各种表示方法

对于等温、等压下，任一理想气体化学反应：

$$aA + bB \longrightarrow cC + dD$$

除标准平衡常数外，经常使用的平衡常数还有 K_y，K_c 和 K_n，它们之间可以相互换算。

（1）用平衡时各组分的物质的量分数表示的平衡常数 K_y。

$$K_y = \frac{(y_C)^c (y_D)^d}{(y_A)^a (y_B)^b} = \prod_B (y_B)^{v_B}$$

对于理想气体混合物有 $p_B = y_B p$。

$$K^\ominus = \prod_B \left(\frac{p_B}{p^\ominus}\right)^{v_B} = \prod_B \left(\frac{y_B p}{p^\ominus}\right)^{v_B} = (p/p^\ominus)^{\sum v_B} \prod_B (y_B)^{v_B}$$

即
$$K^\ominus = (p/p^\ominus)^{\sum v_B} K_y \tag{5-21}$$

K_y 为用物质的量分数表示的平衡常数。因 K_p 只与 T 有关，所以 K_y 与 T 和总压 p 均有关。

（2）用平衡时各组分的物质的量浓度表示的平衡常数 K_c。

$$K_c = \frac{(c_C)^c (c_D)^d}{(c_A)^a (c_B)^b} = \prod_B (c_B)^{v_B}$$

对于理想气体混合物有 $p_B = \dfrac{n_B RT}{V} = c_B RT$。

$$K^\ominus = \prod_B \left(\frac{p_B}{p^\ominus}\right)^{v_B} = \prod_B \left(\frac{c_B RT}{p^\ominus}\right)^{v_B} = (RT/p^\ominus)^{\sum v_B} \prod_B (c_B)^{v_B}$$

即
$$K^\ominus = (RT/p^\ominus)^{\sum v_B} K_c \tag{5-22}$$

K_c 为用物质的量浓度表示的平衡常数，也只是温度的函数。

（3）用平衡时各组分的物质的量表示的平衡常数 K_n。

$$K_n = \frac{(n_C)^c (n_D)^d}{(n_A)^a (n_B)^b} = \prod_B (n_B)^{v_B}$$

对于理想气体混合物有

$$p_B = y_B p = \frac{n_B}{\sum n_B} p$$

$$K^\ominus = \prod_B \left(\frac{p_B}{p^\ominus}\right)^{v_B} = \prod_B \left(\frac{n_B}{\sum n_B} p/p^\ominus\right)^{v_B} = \left(\frac{p}{p^\ominus \sum n_B}\right)^{\sum v_B} \prod_B (n_B)^{v_B}$$

即
$$K^\ominus = \left(\frac{p}{p^\ominus \sum n_B}\right)^{\sum v_B} K_n \tag{5-23}$$

K_n 与平衡系统的温度 T，压强 p 以及总的物质的量 $\sum n_B$ 有关。

仅当 $\sum v_B = 0$ 时，$K^\ominus = K_y = K_c = K_n$。

 素质拓展训练

一、选择题

（1）对于任意一个化学反应，影响标准平衡常数 K 的因素是（　　）。

A. 浓度　　　　　　　　　　　B. 压力

C. 温度　　　　　　　　　　　D. 催化剂

（2）在温度为 T 时反应 $CO(g) + H_2O(g) \Longrightarrow CO(g) + H_2(g)$ 的 $K^\ominus$ 为 1.39。在相同温度时，反应 $CO(g) + H_2O(g) \Longrightarrow CO(g) + H_2(g)$ 的 K 为（　　）。

A. 1. 39   B. $(1.39)^2$ C. 2. 78   D. 0. 685

（3）气相反应 $2NO(g) + O_2(g) \rightleftharpoons 2NO_2(g)$ 是放热反应。当反应达到平衡时，（　　）可使平衡向右移动。

A. 升高温度和增大压力   B. 降低温度和降低压力

C. 升高温度和降低压力   D. 降低温度和升高压力

（4）下列物理量中，（　　）与压力无关。

A. K_c，$(\partial G / \partial \xi)_{T,p}$ B. K_n，$\Delta_r G_m$

C. K_x，$\Delta_r H_m$ D. $K^{\ominus}$，$\Delta_r G_m^{\ominus}$

二、填空题

（1）已知在 120 ℃下，反应：

$$H_2(g) + FeO(s) \rightleftharpoons Fe(s) + H_2O(g)，K_1^{\ominus} = 0.852$$

$$2H_2O(g)(g) \rightleftharpoons 2H_2(g) + O_2(g)，K_2^{\ominus} = 3.4 \times 10^{-13}$$

则在相同温度下反应 $FeO(s) \rightleftharpoons Fe(s) + 1/2 O_2(g)$ 的标准平衡常数 $K^{\ominus}$ 为_____。

（2）在标准状况下，对于理想气体反应 $2A(g) + B(g) \rightleftharpoons 2C(g)$，其标准平衡常数 K_c 的表达式为 $K_c =$ _____。若实验测得某温度下平衡时，$c(A) = 0.4 \ mol \cdot L^{-1}$，$c(B) = 0.2 \ mol \cdot L^{-1}$，$c(C) = 0.8 \ mol \cdot L^{-1}$，则该温度下反应的平衡常数 $K_c =$ _____。

任务四　标准平衡常数的计算

◎ 案例导入

在 298. 15 K、标准状态下，化学反应

$$C(金刚石) \rightleftharpoons C(石墨)；\Delta_r G_m^{\ominus} = -2.9 \ kJ \cdot mol^{-1} < 0 \ kJ \cdot mol^{-1}$$

金刚石能自发变成石墨。但在此条件下金刚石能否全部自发转变成石墨呢？这涉及化学反应进行的限度问题。平衡状态是反应进行的最大限度。标准平衡常数 $K^{\ominus}$ 的大小就是反应进行限度的标志。但是，金刚石和石墨都是固体，无法写出标准平衡常数 $K^{\ominus}$ 的表达式，因此用定义式无法计算 $K^{\ominus}$，需要用其他方式来计算化学平衡常数。

◎ 问题引入

如何计算上述金刚石反应生成石墨的标准平衡常数？

该反应的转化率是多少？

一、标准平衡常数的测定

根据 $K^{\ominus} = \prod\limits_B (a_B)^{v_B}$，标准平衡常数可通过测定体系的压强、浓度或活度而得到。测定标准平衡常数的方法分为物理方法和化学方法，物理方法是测定体系与浓度相关的物理性质如电导率、折射率、压强、体积、色谱峰面积等，化学方法是直接测定体系的组成。无论采用何种方法都应确保体系处于平衡状态。

测定条件首先要确定体系是否已达到平衡，其次实验过程中必须保持平衡不受扰动。

【实战演练 5-4】 在一容积为 2 208.4 cm³ 的真空容器中放入 2.559 6 g 的 $N_2O_4(g)$。实验测得在 25 ℃，反应 $N_2O_4(g) \rightleftharpoons 2NO_2(g)$ 达到平衡时，气体的总压为 39.943 kPa，求此反应在 25 ℃时的标准平衡常数。

解：反应开始时的物质的量为

$$n = \frac{m}{M} = \frac{2.559\,6}{92} = 0.027\,8 \text{ mol}$$

平衡时系统中总的物质的量为

$$n_{总} = \frac{pV}{RT} = \frac{39.943 \times 10^3 \times 2\,208.4 \times 10^{-6}}{8.314 \times 298.15} = 0.035\,5 \text{ mol}$$

设平衡时 $NO_2(g)$ 物质的量 $n_{NO_2} = x$，
则根据反应式 $N_2O_4(g) \rightleftharpoons 2NO_2(g)$
起始物质的量 $n_{B,0}$ 0.027 8   0
平衡物质的量 $n_{B,eq}$ $0.027\,8 - \dfrac{1}{2}x$ 0

则 $\sum n_{B,eq} = \left(0.027\,8 - \dfrac{1}{2}x\right) + x = 0.035\,5$，解得：$x = 0.015\,4 \text{ mol}$。

平衡时 $N_2O_4(g)$ 的物质的量 $n(N_2O_4) = 0.027\,8 - \dfrac{1}{2} \times 0.015\,4 = 0.02 \text{ mol}$。

$$K^\ominus = \frac{(p_{NO_2}/p^\ominus)^2}{p_{N_2O_4}/p^\ominus} = \frac{\left(\dfrac{0.015\,4}{0.035\,5} \times \dfrac{p}{p^\ominus}\right)^2}{\dfrac{0.02}{0.035\,5} \times \dfrac{p}{p^\ominus}} = \frac{(0.015\,4)^2}{0.02 \times 0.035\,5} \times \frac{39.943}{100} = 0.133\,4$$

二、由反应的 $\Delta_r G_m^\ominus$ 计算 $K^\ominus$

由式 $\Delta_r G_m^\ominus = -RT\ln K^\ominus$ 可以知道，只要求出 $\Delta_r G_m^\ominus$，就可以求出

$$K^\ominus = \exp[-\Delta_r G_m^\ominus/(RT)] \tag{5-24}$$

(1) 由反应的 $\Delta_r H_m^\ominus$ 及 $\Delta_r S_m^\ominus$ 计算 $\Delta_r G_m^\ominus$。

对于恒温反应，有关系式 $\Delta_r G_m^\ominus = \Delta_r H_m^\ominus - T\Delta_r S_m^\ominus$。当反应温度为 298K 时：

$$\Delta_r H_m^\ominus(298\text{ K}) = \sum_B v_B \Delta_f H_m^\ominus(298\text{ K}) = -\sum_B v_B \Delta_c H_m^\ominus(298\text{ K})$$

$$\Delta_r S_m^\ominus(298\text{ K}) = \sum_B v_B S_m^\ominus(B, 298\text{ K})$$

则 $$\Delta_r G_m^\ominus(298\text{ K}) = \Delta_r H_m^\ominus(298\text{ K}) - T\Delta_r S_m^\ominus(298\text{ K}) \tag{5-25}$$

【实战演练 5-5】 已知 298.15 K 时，$CH_4(g)$，$H_2O(g)$，$CO_2(g)$ 的 $\Delta_f H_m^\ominus(B, \beta, T)$ 分别为 $-74.81 \text{ kJ} \cdot \text{mol}^{-1}$，$-241.8 \text{ kJ} \cdot \text{mol}^{-1}$，$-393.5 \text{ kJ} \cdot \text{mol}^{-1}$；$CH_4(g)$，$H_2O(g)$，$CO_2(g)$，$H_2(g)$ 的 $S_m^\ominus(B, \beta, T)$ 分别为 188.0 J/(mol · K)，188.8 J/(mol · K)，213.8 J/(mol · K) 和 130.7 J/(mol · K)。试利用以上数据求 298.15 K 时，下列反应的 $\Delta_r G_m^\ominus$ 和 $K^\ominus$。

化学平衡
常数的计算

$$\frac{1}{2}CH_4(g) + H_2O(g) \Longrightarrow \frac{1}{2}CO_2(g) + 2H_2(g)$$

解：$\Delta_r H_m^\ominus = \frac{1}{2}\Delta_f H_m^\ominus(CO_2, g, 298\ K) + 2\Delta_f H_m^\ominus(H_2, g, 298\ K) - \Delta_f H_m^\ominus(H_2O, g,$

298K) $- \frac{1}{2}\Delta_f H_m^\ominus(CH_4, g, 298\ K) = -\frac{1}{2} \times 393.5 + 0 - (-241.8) - \frac{1}{2} \times (-74.81) =$

$82.46\ kJ \cdot mol^{-1}$

$\Delta_r S_m^\ominus = \frac{1}{2}S_m^\ominus(CO_2, g, 298\ K) + 2S_m^\ominus(H_2, g, 298\ K) - S_m^\ominus(H_2O, g, 298\ K) - \frac{1}{2}S_m^\ominus$

$(CH_4, g, 298\ K) = \frac{1}{2} \times 213.8 + 2 \times 130.7 - \frac{1}{2} \times 188 - 188.8 = 85.5\ J/(mol \cdot K)$

$$\Delta_r G_m^\ominus = \Delta_r H_m^\ominus - T\Delta_r S_m^\ominus = 82.46 - 298.15 \times 85.5 \times 10^{-3} = 56.97\ kJ \cdot mol^{-1}$$

$$\ln K^\ominus = -\Delta_r G_m^\ominus/(RT)$$

$$K^\ominus = 1.026 \times 10^{-10}$$

（2）由 $\Delta_f G_m^\ominus$ 计算 $\Delta_r G_m^\ominus$。

通过附录 A 或手册查找标准摩尔生成吉布斯函数 $\Delta_f G_m^\ominus$ 可计算：

$$\Delta_r G_m^\ominus(298\ K) = \sum_B v_B \Delta_f G_m^\ominus(B) \tag{5-26}$$

【实战演练 5-6】 已知 $N_2O_4(g)$ 和 NO_2 在 25 ℃时的标准摩尔生成吉布斯函数分别为 $98.29\ kJ \cdot mol^{-1}$ 和 $51.86\ kJ \cdot mol^{-1}$，计算反应 $N_2O_4(g) \Longrightarrow 2NO_2(g)$ 在该温度时的标准平衡常数。

解：$\qquad \Delta_r G_m^\ominus = \sum_B v_B \Delta_f G_m^\ominus(B) = 2 \times 51.86 - 98.29 = 5.43\ kJ \cdot mol^{-1}$

$$\Delta_r G_m^\ominus = -RT\ln K^\ominus$$

$$\ln K^\ominus = -\Delta_r G_m^\ominus/(RT) = \frac{-5.43 \times 10^3}{8.314 \times 298.15} = -2.19$$

$$K^\ominus = 0.112$$

（3）由有关反应计算 $\Delta_r G_m^\ominus$。

如已知反应①$A \longrightarrow B$ 和反应②$B \longrightarrow C$ 的标准摩尔吉布斯函数变分别为 $\Delta_r G_m^\ominus(1)$ 和 $\Delta_r G_m^\ominus(2)$，求反应（3）$A \longrightarrow C$ 的 $\Delta_r G_m^\ominus(3)$。因为反应③ = 反应① + 反应②，利用状态函数与过程无关的特点，可得：

$$\Delta_r G_m^\ominus(3) = \Delta_r G_m^\ominus(1) + \Delta_r G_m^\ominus(2) \tag{5-27}$$

【实战演练 5-7】 已知 1 000 K 时，反应：

①$C(石墨) + \frac{1}{2}O_2(g) \Longrightarrow CO(g)$；$\Delta_r G_m^\ominus = -2.002 \times 10^5\ J \cdot mol^{-1}$。

②$CO(g) + \frac{1}{2}O_2(g) \Longrightarrow CO_2(g)$；$\Delta_r G_m^\ominus = -1.96 \times 10^5\ J \cdot mol^{-1}$。

求反应 $C(石墨) + O_2(g) \Longrightarrow CO_2(g)$ 在 1 000 K 时的平衡常数。

解：所求反应 = 反应① + 反应②。

$$\Delta_r G_m^\ominus = \Delta_r G_m^\ominus(1) + \Delta_r G_m^\ominus(2) = -2.002 \times 10^5 - 1.96 \times 10^5$$

$$= -3.96 \times 10^5\ J \cdot mol^{-1}$$

$$\ln K^{\ominus} = -\Delta_r G_m^{\ominus}/(RT) = \frac{3.96 \times 10^5}{8.314 \times 1\,000} = 47.63$$
$$K^{\ominus} = 4.85 \times 10^{20}$$

 知识拓展

"稻草变黄金"

中国科学技术大学的钱逸泰院士实验室以 CCl_4 和金属钠为原料，在 973 K 时反应制造出金刚石粉末和 NaCl。反应方程式为

$$CCl_4 + 4Na \xrightarrow{973\ K} C(金刚石) + 4NaCl$$

通过计算，该反应的

$$\Delta_r H_m^{\ominus}(298\ K) = -1\,507.205\ kJ \cdot mol^{-1}$$
$$\Delta_r S_m^{\ominus}(298\ K) = -129.983\ J/(mol \cdot K)$$
$$\Delta_r G_m^{\ominus}(973K) \approx \Delta_r H_m^{\ominus}(298\ K) - 973 \times \Delta_r S_m^{\ominus}(298\ K)$$
$$= -1\,507.205 \times 10^3 - 973 \times (-129.983)$$
$$= -1\,380.732\ kJ \cdot mol^{-1}$$

根据 $\Delta_r G_m^{\ominus} = -RT\ln K^{\ominus}$ 有

$$\ln K^{\ominus} = -\Delta_r G_m^{\ominus}/(RT) = \frac{1\,380\,712}{8.314 \times 973} = 170.679$$
$$K^{\ominus} = 1.333 \times 10^{74}$$

实验任务　氨基甲酸铵分解压的测定

一、实验依据

在一定温度下氨基甲酸铵的分解反应为 $NH_2CO_2NH_4(s) \rightleftharpoons 2NH_3(g) + CO_2(g)$，若分解产物 NH_3 和 CO_2 不从系统中移出，则很容易达到平衡。在压力不太大时气体的逸度因子近似为 1，且纯固态物质的活度为 1，所以标准平衡常数为

$$K_p^{\ominus} = \left(\frac{p_{NH_3}}{p^{\ominus}}\right)^2 \left(\frac{p_{CO_2}}{p^{\ominus}}\right) \tag{5-28}$$

如果两种气体均由 $NH_2CO_2NH_4(s)$ 分解产生，则

$$p_{NH_3} = 2p_{CO_2};\quad p_{NH_3} = \frac{2}{3}p;\quad p_{CO_2} = \frac{1}{3}p$$

代入式(5-28)得：

$$K_p^{\ominus} = \left(\frac{2}{3} \times \frac{p}{p^{\ominus}}\right)^2 \left(\frac{1}{3} \times \frac{p}{p^{\ominus}}\right) = \frac{4}{27}\left(\frac{p}{p^{\ominus}}\right)^3 \tag{5-29}$$

即在一定温度下，系统的平衡总压 p 是一定的，称为 $NH_2CO_2NH_4(s)$ 的分解压。在一定温度下，只要测出系统达到平衡后的总压 p，便可求出氨基甲酸铵分解反应的标准平衡常数 $K_p^\ominus$。

当温度变化范围不大时，$\Delta_r H_m^\ominus$ 可视为常数，此时温度对平衡常数的影响为

$$\ln K_p^\ominus = \frac{-\Delta_r H_m^\ominus}{RT} + C \qquad (5-30)$$

式中　C——积分常数。

若 $\ln K_p^\ominus$ 对 $\frac{1}{T}$ 作图，应为一条直线，其斜率为 $\frac{-\Delta_r H_m^\ominus}{R}$，由此可求 $\Delta_r H_m^\ominus$。

当求出某一温度下的平衡常数 $K_p^\ominus$ 后，可按下式计算该温度下的标准摩尔吉布斯自由能 $\Delta_r G_m^\ominus$，即

$$\Delta_r G_m^\ominus = -RT\ln K_p^\ominus \qquad (5-31)$$

这样可利用实验温度范围内的平均 $\Delta_r H_m^\ominus$ 和某一温度下的 $\Delta_r G_m^\ominus$，近似计算出该温度下的标准摩尔熵变 $\Delta_r S_m^\ominus$：

$$\Delta_r S_m^\ominus = \frac{\Delta_r H_m^\ominus - \Delta_r G_m^\ominus}{T}$$

二、任务准备

1. 试剂

化学纯氨基甲酸、硅油。

2. 仪器

等压法测氨基甲酸铵分解压装置如图 5-10 所示。

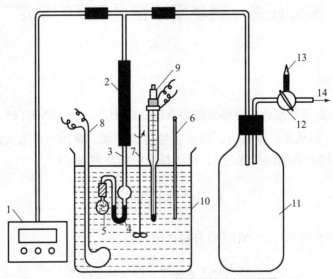

图 5-10　等压法测氨基甲酸铵分解压装置

1—数字压力计；2—厚壁真空胶管；3—等压计；4—等压计 U 形管；5—盛样品的玻璃球；
6—温度计；7—搅拌器；8—电加热器；9—接触温度计；10—恒温槽；11—缓冲瓶；
12—三通旋塞；13—毛细管；14—真空泵连接口

三、实验过程

实验过程具体内容如表 5-8 所示。

表 5-8　实验过程

任务	实施步骤	实验记录
准备工作	将已烘干的等压计与厚壁真空胶管连接后，旋转三通旋塞，使系统与真空泵连通。抽气几分钟后，再旋转此旋塞与所连三方均不通，观察数字压力计的示数变化，若在 5 min 内稳定不变，则表示系统不漏气。 　　用特制的小漏斗将氨基甲酸铵粉末小心地装入干燥的盛样品的玻璃球中，与等压计连接好，再滴入适量的硅油于等压计 U 形管中形成液封。 　　将等压计与厚壁真空胶管连接好，注意不要使样品与硅油相混，然后将等压计置于恒温槽中，调整恒温槽的温度为 25 ℃。旋转三通旋塞与真空泵相通，启动真空泵 10 min 后，排净系统空气后关闭此旋塞，停泵	1. 记录： 室温 = _____ ℃ 大气压力 = ____ Pa 2. 实验数据记录如表 5-9 所示
分解压的测定	缓慢旋转三通旋塞与毛细管相通，放入空气于系统直至等压计 U 形管两液面齐平时，立即关闭三通旋塞。仔细观察液面，若在一定时间内保持液面平齐不变，则读取数字压力计的示数、大气压及恒温槽温度。 　　如两次重复测定结果相差小于 0.1 kPa，则可进行升温，进行另一温度下的分解压的测定。调整恒温槽的温度为 30 ℃，然后从毛细管口缓缓放入空气至等压计 U 形管两臂汞面平齐且保持 5 min 不变，即可读压力及恒温槽的温度。 　　用同样的方法继续测定 35 ℃，40 ℃，45 ℃的分解压	
净化处理	测定后，启动真空泵，使三通旋塞与系统相通，抽尽 NH_3 和 CO_2，然后缓慢旋转三通旋塞小心接通大气	
结束工作	1. 结束后倒掉废液，清理台面，洗净用具并归位。 2. 关闭水源和电源总闸	

实验数据记录如表 5-9 所示。

表 5-9　实验数据

温度			数字压力计示数/kPa	分解压/kPa	$K_p^\ominus$	$\ln K_p^\ominus$
$t/℃$	T/K	$\dfrac{1}{T}/K^{-1}$				

四、实验结果

（1）计算不同温度下氨基甲酸铵的分解压及分解反应的 $K_p^\ominus$。

（2）根据实验数据作 $\ln K_p^\ominus - \dfrac{1}{T}$ 图，并计算氨基甲酸铵分解反应的 $\Delta_r H_m^\ominus$。

（3）计算 25 ℃时氨基甲酸铵分解反应的 $\Delta_r G_m^\ominus$ 和 $\Delta_r S_m^\ominus$。

（4）思考与讨论。

1）怎样检查系统是否漏气？

2）如何通过数字压力计示数求得氨基甲酸铵的分解压？

3）在实验装置中安置缓冲瓶和毛细管的作用是什么？

五、检查与评价

学生完成本项目实验的学习后，通过自评、小组互评来检查自己对本任务学习的掌握情况。指导教师在整个教学过程中，关注每个小组的检测过程及小组成员的动手能力，并对小组成员动手能力进行评价，学生对所学的各项任务进行抽签决定考核的内容。将具体的检查与评价填入表 5 – 10 中。

表 5 – 10　检查与评价

项目	评价标准	分值	学生自评	小组互评	教师评价
方案制定与准备	认真负责、一丝不苟地进行资料查阅，确定实验依据	10			
	协同合作制定方案并合理分工	5			
	相互沟通完成方案诊改	5			
	正确清洗及检查仪器	10			
实验测定	正确进行仪器准备	10			
	准确测量，规范操作	10			
	数据记录正确、完整、美观	10			
	正确计算结果，按照要求进行数据修约	10			
	规范编制检测报告	10			
结束工作	结束后倒掉废液，清理台面，洗净用具并归位	5			
	关闭仪器电源，清洗玻璃器皿并归位	10			
	文明操作，合理分工，按时完成	5			

 素质拓展训练

一、选择题

（1）反应 $C(s) + O_2(g) = CO_2(g)$，$2CO(g) + O_2(g) = 2CO_2(g)$，$C(s) + \dfrac{1}{2}O_2(g) = CO(g)$ 的平衡常数分别为 K_1，K_2，K_3，它们之间的关系是（　　　）。

A. $K_3 = K_1 K_2$　　　　B. $K_3 = K_1/K_2$　　　　C. $K_3 = K_1/K_2^{1/2}$　　　　D. $K_3 = K_1^{1/2}/K_2^{1/2}$

（2）已知下列反应的平衡常数：$H_2(g) + S(s) = H_2S(g)$，K_1；$S(s) + O_2(g) =$

$SO_2(g)$，K_2。反应 $H_2S(g) + O_2(g) \Longrightarrow H_2(g) + SO_2(g)$ 的平衡常数为（　　）。

A. K_2/K_1 　　　　B. $K_1 - K_2$ 　　　　C. $K_1 K_2$ 　　　　D. K_1/K_2

（3）已知反应 $2NH_3 \Longrightarrow N_2 + 3H_2$ 在等温条件下，标准平衡常数为 0.25，那么，在此条件下，氨的合成反应 $\frac{1}{2}N_2 + \frac{3}{2}H_2 \Longrightarrow NH_3$ 的标准平衡常数为（　　）。

A. 4.48 　　　　B. 0.13 　　　　C. 2.24 　　　　D. 5

二、计算题

（1）已知 298K 时的各物质数据如表 5 – 11 所示，试求反应 $\frac{1}{2}CO_2(g) + NH_3(g) \Longrightarrow \frac{1}{2}H_2O(g) + \frac{1}{2}CO(NH_2)_2(s)$ 在 298K 和 498K 时的 $\Delta_r G_m^\ominus$ 及标准平衡常数 $K^\ominus$。

表 5 – 11　在 298K 时各物质数据

物质	$CO_2(g)$	$NH_3(g)$	$H_2O(g)$	$CO(NH_2)_2(s)$
$\Delta_f H_m^\ominus(298\ K)/(kJ \cdot mol^{-1})$	– 393.51	– 46.11	– 241.82	– 333.51
$S_m^\ominus(298\ K)/(J/(mol \cdot K))$	213.74	192.45	188.83	104.60
$C_{p,m}(298\ K)/(J/(mol \cdot K))$	37.11	35.06	33.577	93.14

（2）420 ℃下，2 mol HCl(g) 和 0.96 mol $O_2(g)$ 发生如下反应：

$$4HCl(g) + O_2(g) \Longrightarrow 2H_2O(g) + 2Cl_2(g)$$

达到平衡后生成 0.8 mol $Cl_2(g)$。若平衡后总压力为 100 kPa，计算上述反应的 K_p，K_x 和 K_c。如果将反应写成

$$HCl(g) + \frac{1}{4}O_2(g) \Longrightarrow \frac{1}{2}H_2O(g) + \frac{1}{2}Cl_2(g)$$

平衡常数又如何？

任务五　平衡组成的计算

平衡组成的计算

平衡计算中经常会涉及转化率、产率等术语，它们的定义为

$$转化率(\alpha) = \frac{某反应物消耗的数量}{该反应物的原始数量} \times 100\%$$

$$产率 = \frac{转化为指定产物消耗的反应物的数量}{该反应物的原始数量} \times 100\%$$

如果没有副反应发生，则产率等于转化率；如果有副反应，则产率小于转化率。

平衡组成的求解思路如下。

（1）根据参加反应的各物质计量系数的关系，列出物质衡算式。

（2）写出平衡常数表达式。

（3）代入已知数据计算平衡组成。

（4）列出 $K^\ominus$ 或 K_n 的表达式并进行计算。

【实战演练 5 – 8】　1 000 K 时生成水煤气的反应为 $C(s) + H_2O(g) \Longrightarrow CO(g) +$

$H_2(g)$，在 100 kPa 时，水蒸气的平衡转化率 $\alpha = 0.844$。

计算：(1)标准平衡常数 $K^\ominus$。(2)200 kPa 时的平衡转化率。

解：(1)

$$C(s) + H_2O(g) \Longrightarrow CO(g) + H_2(g)$$

起始物质的量 $n_{B,0}$ 1   0   0

平衡时物质的量 $n_{B,eq}$ $1 - \alpha$ α α

平衡时体系中总的物质的量 $n_{总} = \sum n_{B,eq} = (1 - \alpha) + \alpha + \alpha = 1 + \alpha$。

由物质的量分数 $y_B = \dfrac{n_B}{n_{总}}$，$p_B = y_B p$，得平衡时各组分的物质的量分数和分压为

$$y(H_2O) = \frac{1 - \alpha}{1 + \alpha}, \quad y(CO) = \frac{\alpha}{1 + \alpha}, \quad y(H_2) = \frac{\alpha}{1 + \alpha}$$

$$p(H_2O) = \frac{1 - \alpha}{1 + \alpha} \cdot p, \quad p(CO) = \frac{\alpha}{1 + \alpha} \cdot p, \quad p(H_2) = \frac{\alpha}{1 + \alpha} \cdot p$$

标准平衡常数：

$$K^\ominus = \left(\frac{\alpha}{1 + \alpha} \cdot \frac{p}{p^\ominus}\right)^2 \Big/ \left(\frac{1 - \alpha}{1 + \alpha} \cdot \frac{p}{p^\ominus}\right) = \frac{\alpha^2}{1 - \alpha^2} \cdot \frac{p}{p^\ominus} = \frac{0.844^2}{1 - 0.844^2} \times \frac{100}{100} = 2.48$$

(2)设 200 kPa 时的平衡转化率为 α_2，由于温度不变，故标准平衡常数不变，

$$K^\ominus = \frac{\alpha_2^2}{1 - \alpha_2^2} \cdot \frac{p}{p^\ominus} = 2.48$$

$$\alpha_2 = 0.744$$

【实战演练5–9】 900 K 时，纯乙烷气体通过脱氢催化后，发生分解作用如下。

$$C_2H_6(g) \Longrightarrow C_2H_4(g) + H_2(g)$$

若在该温度下维持总压为 100 kPa，该反应的标准摩尔反应吉布斯函数为 24 480 J·mol^{-1}，求：

(1)达到平衡后，乙烷的平衡转化率。

(2)达到平衡后，混合气体中氢的物质的量分数。

解：(1)已知 $\Delta_r G_m^\ominus = -RT \ln K^\ominus$。

$$\Delta_r G_m^\ominus = -RT \ln K^\ominus$$

$$\ln K^\ominus = -\frac{\Delta_r G_m^\ominus}{RT} = -\frac{24\ 480}{8.314 \times 900} = -3.27$$

$$K^\ominus = 0.038$$

$$C_2H_6(g) \Longrightarrow C_2H_4(g) + H_2(g)$$

起始物质的量 $n_{B,0}$ 1   0   0

平衡时物质的量 $n_{B,eq}$ $1 - \alpha$ α α

由物质的量分数 $y_B = \dfrac{n_B}{n_{总}}$，$p_B = y_B p$，得平衡时各组分的物质的量分数和分压为

$$y(C_2H_6) = \frac{1 - \alpha}{1 + \alpha}, \quad y(C_2H_4) = \frac{\alpha}{1 + \alpha}, \quad y(H_2) = \frac{\alpha}{1 + \alpha}$$

$$p(C_2H_6) = \frac{1 - \alpha}{1 + \alpha} \cdot p, \quad p(C_2H_4) = \frac{\alpha}{1 + \alpha} \cdot p, \quad p(H_2) = \frac{\alpha}{1 + \alpha} \cdot p$$

$$K^{\ominus} = \left(\frac{\alpha}{1+\alpha} \cdot \frac{p}{p^{\ominus}}\right)^2 \Big/ \left(\frac{1-\alpha}{1+\alpha} \cdot \frac{p}{p^{\ominus}}\right) = \frac{\alpha^2}{1-\alpha^2} \cdot \frac{p}{p^{\ominus}} = \frac{\alpha^2}{1-\alpha^2} \times \frac{100}{100} = 0.038$$

达到平衡后，乙烷的平衡转化率 $\alpha = 0.191$。

（2）平衡时，$n(H_2) = 0.191$ mol，$n_{总} = 1 + 0.191 = 1.191$ mol。

达到平衡后，混合气体中氢的物质的量分数为

$$y(H_2) = \frac{0.191}{1.191} = 0.16$$

 素质拓展训练

一、选择题

（1）一定温度下，在一个容积为 1 L 的密闭容器中，充入 1 mol $H_2(g)$ 和 1 mol $I_2(g)$，发生反应 $H_2(g) + I_2(g) \rightleftharpoons 2HI(g)$，经充分反应达到平衡后，生成的 $HI(g)$ 占气体体积的 50%。该温度下，在另一个容积为 2 L 的密闭容器中充入 1 mol $HI(g)$ 发生反应 $HI(g) \rightleftharpoons 1/2H_2(g) + 1/2I_2(g)$，则下列判断正确的是（   ）。

A. 后一反应的平衡常数为 0.25

B. 后一反应的平衡常数为 0.5

C. 后一反应达到平衡时，H_2 的平衡浓度为 0.15 mol·L^{-1}

D. 后一反应达到平衡时，HI 的平衡浓度为 0.25 mol·L^{-1}

（2）某温度下，将 2 mol 物质 A 和 3 mol 物质 B 充入一密闭容器中，发生反应 $aA(g) + B(g) \longrightarrow C(g) + D(g)$，5 min 后达到平衡。已知该温度下其平衡常数 $K = 1$，若温度不变时将容器的体积扩大为原来的 10 倍，物质 A 的转化率不发生变化，则（   ）。

A. $a = 3$ B. $a = 2$

C. 物质 B 的转化率为 40%   D. 物质 B 的转化率为 60%

（3）在一密闭容器中，等物质的量的物质 A 和物质 B 发生如下反应：$A(g) + 2B(g) \longrightarrow 2C(g)$，反应达到平衡时，若混合气体中物质 A 和物质 B 的物质的量之和与物质 C 的物质的量相等，则这时物质 A 的转化率为（   ）。

A. 40%   B. 50%   C. 60%   D. 70%

二、计算题

（1）某温度下，在体积固定为 2 L 的密闭容器中进行反应，将 1 mol CO 和 2 mol H_2 混合，测得不同时刻的反应前后压强关系如表 5 - 12 所示。

$$CO(g) + 3H_2(g) \rightleftharpoons H_2O(g) + CH_4(g)$$

表 5 - 12　不同时刻的反应前后压强关系

时间/min	5	10	15	20	25	30
压强比（$p_{后}/p_{前}$）	1.00	0.90	0.80	0.70	0.70	0.70

则达到平衡时 CO 的转化率为多少？

（2）某温度时，将 6 g NO 和一定量的 O_2 放在容积为 4 L 的密闭容器内反应，反应刚开始测得气体混合物的压强为 200 kPa，达到平衡时测得混合气体的压强为 150 kPa，同时

剩有 $0.8\ g\ O_2$，求该温度下 NO 的转化率。

任务六 化学平衡的影响因素

案例导入

氨的合成反应式：

$$N_2(g) + 3H_2(g) \rightleftharpoons 2NH_3(g)$$
$$\Delta_r H_m = -92.2\ kJ \cdot mol^{-1}$$
$$S = -198.2\ J/(mol \cdot K)$$

简单的化学方程式，从实验室研究到最终成功实现工业生产，经历了约 150 年的艰难探索。德国化学家哈伯知难而进，1908 年 7 月在实验室用 N_2 和 H_2 在 600 ℃，200 个大气压下合成出氨，产率为 2%。之后 1911—1913 年短短两年内不仅产率提高了，而且合成出了 1 000 t 液氨。1918 年哈伯因发明合成氨方法并投入生产而获得了诺贝尔化学奖。

常温常压下，合成氨的反应进行得非常慢，几乎不能被觉察。要提高单位时间内产品的产量以及原料的利用率，提高合成氨的生产效益，需要综合化学反应速率和化学平衡两个角度分析合成氨的适宜条件，如表 5 – 13 所示。

表 5 – 13 合成氨反应的影响因素

合成氨的反应	$N_2(g) + 3H_2(g) \rightleftharpoons 2NH_3(g)$ 正反应为放热反应	
分析角度　　　　反应条件	使合成氨的速率快	使平衡混合物中氨的含量高
压强	高压　一致　高压	
温度	高温　矛盾　低温	
催化剂	使用	不影响

影响化学
平衡因素

从反应速率的角度看：在高温、高压条件下使用合适的催化剂，可以使反应速率变快，单位时间内生成的 NH_3 变多。

从化学平衡的角度看：在高压、低温条件下，平衡时 NH_3 的含量（体积分数）高。

现在，在合成氨适宜条件的探究过程中，综合考虑化学反应速率和化学平衡移动的原理，再根据工业生产特点和实际需要，通过合理调控温度、压强、催化剂的使用以及反应物的浓度，工业生产已经可以有效地控制合成氨反应中的化学平衡，从而提高氨气的产率。这不仅降低了生产成本，还提高了生产效率，为工业带来了显著的经济效益。工业合成氨的适宜条件如表 5 – 14 所示。

表 5 – 14　工业合成氨的适宜条件

影响因素	工业合成氨的适宜条件
压强	$2 \times 10^7 \sim 5 \times 10^7$ Pa
温度	适宜温度（500 ℃左右）催化剂活性大
催化剂	使用铁触媒作催化剂
浓度	N_2 和 H_2 的物质的量比为 1∶2.8 的投料比，氨及时从混合气中分离出去

问题引入

（1）工业合成氨时加入氮气的量是越多越好吗？

（2）合成氨反应温度是否越高越好？压强是否越大越好？

一、温度对化学平衡的影响

反应的标准平衡常数是温度的函数，在不同温度下，其标准平衡常数是不同的。由式 $\Delta_r G_m^{\ominus} = -RT\ln K^{\ominus}$ 得：

$$\frac{\Delta_r G_m^{\ominus}}{T} = -R\ln K^{\ominus}$$

恒压下，对温度 T 求偏微商得：

$$\frac{\partial}{\partial T}\left(\frac{\Delta_r G_m^{\ominus}}{T}\right)_p = -R\left(\frac{\partial \ln K^{\ominus}}{\partial T}\right)_p$$

在标准状态下，将吉布斯 – 亥姆霍兹公式 $\dfrac{\partial}{\partial T}\left(\dfrac{\Delta_r G_m^{\ominus}}{T}\right)_p = -\left(\dfrac{\Delta_r H_m^{\ominus}}{T^2}\right)_p$ 代入，则有

$$\left(\frac{\partial \ln K^{\ominus}}{\partial T}\right)_p = \frac{\Delta_r H_m^{\ominus}}{RT^2} \tag{5-32}$$

因为 $K^{\ominus}$ 仅是温度的函数，所以偏导可以改为导数形式，即

$$\frac{\mathrm{d}\ln K^{\ominus}}{\mathrm{d}T} = \frac{\Delta_r H_m^{\ominus}}{RT^2} \tag{5-33}$$

式（5 – 32）和式（5 – 33）就是化学反应的恒压方程，称为化学平衡的范德霍夫公式，表达了等压条件下平衡常数随温度的变化规律。

（1）对于吸热反应，$\Delta_r H_m^{\ominus} > 0$，$\dfrac{\mathrm{d}\ln K^{\ominus}}{\mathrm{d}T} > 0$，$K^{\ominus}$ 随温度升高而增大，升高温度对正向反应有利。

（2）对于放热反应，$\Delta_r H_m^{\ominus} < 0$，$\dfrac{\mathrm{d}\ln K^{\ominus}}{\mathrm{d}T} < 0$，$K^{\ominus}$ 随温度升高而减小，升高温度对正向反应不利。

（3）对于既不吸热又不放热的反应，$\Delta_r H_m^{\ominus} = 0$，$\dfrac{\mathrm{d}\ln K^{\ominus}}{\mathrm{d}T} = 0$，温度对 $K^{\ominus}$ 没有影响。

当温度变化范围不大或反应热与温度无关时，$\Delta_r H_m^{\ominus}$ 可近似看作常数，对式（5 – 32）进行定积分，可得：

$$\ln\frac{K_2^\ominus}{K_1^\ominus} = \frac{\Delta_r H_m^\ominus}{R}\left(\frac{1}{T_1} - \frac{1}{T_2}\right) \qquad\qquad (5-34)$$

对式(5-32)进行不定积分,可得:

$$\ln K^\ominus = -\frac{\Delta_r H_m^\ominus}{R}\cdot\frac{1}{T} + C \qquad\qquad (5-35)$$

式中 C——积分常数。

由式(5-35)可知,$\ln K^\ominus$ 与 $\frac{1}{T}$ 成线性关系,利用该直线的斜率可计算标准摩尔焓变 $\Delta_r H_m^\ominus$。

当温度变化范围较大时,$\Delta_r H_m^\ominus$ 不能再视为常数。此时需首先确定 $\Delta_r H_m^\ominus$ 与 T 的函数关系:$\Delta_r H_m^\ominus = f(T)$,再代入式(5-32)进行积分。

【实战演练5-10】 水蒸气通过灼热的煤层,生成水煤气。

$$C(s) + H_2O(g) \Longrightarrow H_2(g) + CO(g)$$

在 1 000 K 及 1 200 K 时 $K^\ominus$ 分别为 2.505 和 38.08,试计算此温度范围内 $\Delta_r H_m^\ominus$ 以及 1 100 K时反应的 $K^\ominus$。

解:根据 $\ln\frac{K_2^\ominus}{K_1^\ominus} = \frac{\Delta_r H_m^\ominus}{R}\left(\frac{1}{T_1} - \frac{1}{T_2}\right)$ 得到 $\ln\frac{38.08}{2.505} = \frac{\Delta_r H_m^\ominus}{8.314}\times\left(\frac{1}{1\ 000} - \frac{1}{1\ 200}\right)$。

解得:$\Delta_r H_m^\ominus = 1.35\times10^5\ \text{J}\cdot\text{mol}^{-1}$

1 100 K 时反应的 $K^\ominus$:

$$\ln\frac{K^\ominus(1\ 100\ \text{K})}{2.505} = \frac{1.35\times10^5}{8.314}\times\left(\frac{1}{1\ 000} - \frac{1}{1\ 100}\right)$$

解得:$K^\ominus(1\ 100\ \text{K}) = 10.96$。

二、压强对化学平衡的影响

对于液相反应或固相反应,一般情况下压强的影响都很小,可以忽略不计。然而,对于气相反应或含有凝聚相的气相反应来说,压强虽然不能改变标准平衡常数 $K^\ominus$ 的值(K 仅仅是温度的函数),但对平衡系统的组成往往会有不容忽视的影响。这里只讨论理想气体反应系统。根据平衡常数的表达式

$$K^\ominus = (p/p^\ominus)^{\sum v_B} K_y$$

可以看出,在 T 一定时,$K^\ominus$ 为常数。

(1)若 $\sum v_B = 0$,$K_y = K^\ominus$,压强对 K_y 无影响。

(2)若 $\sum v_B < 0$,增大体系总压,K_y 增加,即平衡右移,系统向产物增加、反应物减少的方向变化。

(3)若 $\sum v_B > 0$,增大体系总压,K_y 减小,即平衡左移,系统向产物减小、反应物增加的方向变化。

可见,加压对气体分子数减少(即 $\sum v_B < 0$)的反应有利,降压对气体分子数增多(即 $\sum v_B > 0$)的反应有利。

【实战演练5-11】 在某温度及 100 kPa 压强下,反应 $N_2O_4(g) \Longrightarrow 2NO_2(g)$ 达到平衡时,有 50.2% 的 $N_2O_4(g)$ 分解成 $NO_2(g)$。那么在 1 000 kPa 压强下,$N_2O_4(g)$ 的转化率是多少?

解：$\qquad\qquad\qquad\qquad\qquad\qquad\quad N_2O_4(g) \xrightleftharpoons{} 2NO_2(g)$

起始物质的量 $n_{B,0}$ $\qquad\qquad\qquad\qquad 1 \qquad\qquad\qquad 0$

平衡时物质的量 $n_{B,eq}$ $\qquad\qquad\qquad 1-\alpha \qquad\qquad 2\alpha$

平衡时体系中总的物质的量 $n_总 = \sum n_{B,eq} = (1-\alpha)+2\alpha = 1+\alpha$。

由物质的量分数 $y_B = \dfrac{n_B}{n_总}$，$p_B = y_B p$，得平衡时各组分的物质的量分数和分压为

$$y(N_2O_4) = \frac{1-\alpha}{1+\alpha}, \ \ y(NO_2) = \frac{2\alpha}{1+\alpha}$$

$$p(N_2O_4) = \frac{1-\alpha}{1+\alpha}\cdot p, \ \ p(NO_2) = \frac{2\alpha}{1+\alpha}\cdot p$$

$$K^{\ominus} = \left(\frac{p_{NO_2}}{p^{\ominus}}\right)^2 \Big/ \left(\frac{p_{N_2O_4}}{p^{\ominus}}\right) = \left(\frac{2\alpha}{1+\alpha}\cdot\frac{p}{p^{\ominus}}\right)^2 \Big/ \left(\frac{1-\alpha}{1+\alpha}\cdot\frac{p}{p^{\ominus}}\right) = \frac{4\alpha^2}{1-\alpha^2}\cdot\frac{p}{p^{\ominus}}$$

$$= \frac{4\times(50.2\%)^2}{1-(50.2\%)^2}\times\frac{100}{100} = 1.35$$

设 1 000 kPa 下 N_2O_4 的转化率为 α_2，则

$$\frac{4\alpha_2^2}{1-\alpha_2^2}\times\frac{1\,000}{100} = 1.35$$

$$\alpha_2 = 18.1\%$$

从计算结果可以看出，增大压强，N_2O_4 转化率降低，对反应不利。

三、惰性气体对化学平衡的影响

惰性气体指的是在反应系统中不参与反应的气体，填充惰性气体可以改变反应体系的总组成 $n_总$。因此，对理想气体反应体系，用平衡时各组分的物质的量表示的平衡常数 K_n 来讨论。前面已经讲过，根据平衡常数的表达式 $K^{\ominus} = \left(\dfrac{p}{p^{\ominus}\sum n_B}\right)^{\sum v_B} K_n$ 可知，K_n 不仅是 T,p 的函数，还是总组成 $n_总$ 的函数。因此，为了考察 $n_总$ 对 K_n 的影响，必须使 T,p 保持恒定，以排除这两个因素的影响。

当 T,p 恒定时，$K^{\ominus} = \left(\dfrac{p}{p^{\ominus}}\right)^{-\sum v_B}$ 为常数，$n_总 = \sum n_B$，此时 K_n 可表示为

$$K_n = 常数\times\left(\frac{1}{n_总}\right)^{-\sum v_B} = 常数\times(n_总)^{\sum v_B}$$

（1）若 $\sum v_B = 0$，$K_n =$ 常数，$n_总$ 对 K_n 无影响。即惰性气体的加入不会影响化学平衡。

（2）若 $\sum v_B > 0$，$n_总$ 增加，K_n 增加，平衡向右移动。即增加惰性气体有利于 $\sum v_B > 0$ 的反应，也就是有利于气体物质的量增大的反应。

（3）若 $\sum v_B < 0$，$n_总$ 增加，K_n 减少，平衡向左移动。即增加惰性气体有利于 $\sum v_B < 0$ 的反应。

可见，恒温、恒压下加入惰性组分，相当于体系总压降低，对气体分子增加（$\sum v_B > 0$）的反应有利。

应当指出，压强和惰性气体对化学平衡的影响，仅仅是使平衡发生移动，但不能改变平衡位置（即不能改变 K 的值），这点与温度对平衡的影响是不同的。

【实战演练 5-12】 工业上，乙苯脱氢制苯乙烯的化学反应为

$$C_6H_5C_2H_5(g) = C_6H_5C_2H_3(g) + H_2(g)$$

已知，627 ℃时，$K^\ominus = 1.49$，试求在此温度及标准压强下乙苯的平衡转化率；若用水蒸气与乙苯的物质的量之比为 10 的原料气，结果将如何？

解：
$$C_6H_5C_2H_5(g) = C_6H_5C_2H_3(g) + H_2(g)$$

起始物质的量 $n_{B,0}$ 　　　 1 　　　　 0 　　　　 0

平衡时物质的量 $n_{B,eq}$ 　 $1-\alpha$ 　　　 α 　　　 α

平衡时体系中总的物质的量

$$n_{总} = \sum n_{B,eq} = (1-\alpha) + \alpha + \alpha = 1 + \alpha$$

由物质的量分数 $y_B = \dfrac{n_B}{n_{总}}$，$p_B = y_B p$，得平衡时各组分的物质的量分数和分压为

$$y(C_6H_5C_2H_5) = \frac{1-\alpha}{1+\alpha}, \quad y(C_6H_5C_2H_3) = \frac{\alpha}{1+\alpha}, \quad y(H_2) = \frac{\alpha}{1+\alpha}$$

$$p(C_6H_5C_2H_5) = \frac{1-\alpha}{1+\alpha} \cdot p, \quad p(C_6H_5C_2H_3) = \frac{\alpha}{1+\alpha} \cdot p, \quad p(H_2) = \frac{\alpha}{1+\alpha} \cdot p$$

$$K^\ominus = \left(\frac{\alpha}{1+\alpha} \cdot \frac{p}{p^\ominus}\right)\left(\frac{\alpha}{1+\alpha} \cdot \frac{p}{p^\ominus}\right) \Big/ \left(\frac{1-\alpha}{1+\alpha} \cdot \frac{p}{p^\ominus}\right) = \frac{\alpha^2}{1-\alpha^2} \cdot \frac{p}{p^\ominus}$$

（1）标准压强下，$p = p^\ominus$，

$$K^\ominus = \frac{\alpha^2}{1-\alpha^2} \times \frac{100}{100} = 1.49$$

$$\alpha = 77.4\%$$

（2）加水蒸气，

$$C_6H_5C_2H_5(g) = C_6H_5C_2H_3(g) + H_2(g) \qquad H_2O(g)$$

起始物质的量 $n_{B,0}$ 　　 1 　　　　 0 　　　　 0 　　　 10

平衡时物质的量 $n_{B,eq}$ 　 $1-\alpha_2$ 　　 α_2 　　 α_2 　　 10

平衡时体系中总的物质的量

$$n_{总} = \sum n_{B,eq} = (1-\alpha_2) + \alpha_2 + \alpha_2 + 10 = 11 + \alpha_2$$

$$K^\ominus = \left(\frac{\alpha_2}{11+\alpha_2} \cdot \frac{p}{p^\ominus}\right)\left(\frac{\alpha_2}{11+\alpha_2} \cdot \frac{p}{p^\ominus}\right) \Big/ \left(\frac{1-\alpha_2}{11+\alpha_2} \cdot \frac{p}{p^\ominus}\right)$$

$$(1+K^\ominus)\alpha_2^2 + 10K^\ominus \alpha_2 - 11K^\ominus = 0$$

$$2.49\alpha_2^2 + 14.9\alpha_2 - 16.39 = 0$$

$$\alpha_2 = 94.93\% > 77.4\%$$

四、增加反应物的量对化学平衡的影响

反应物原料配比对平衡转化率亦有影响。可以证明，当原料配比等于化学计量比时，理想气体反应产物的比例最高。

对于气相化学反应

$$aA(g) + bB(g) \longrightarrow cC(g) + dD(g)$$

（1）恒温、恒容下，增加反应物的量，平衡右移。

工业上常增加廉价反应物的量，来提高产物的收率和经济效益。

（2）恒温、恒压下，增加反应物的量，不一定使平衡向右移动。

当起始原料 A 与 B 的摩尔比等于反应式中反应物的计量系数之比，即 $r = \dfrac{n_B}{n_A} = \dfrac{b}{a}$ 时，产物在混合气中的平衡含量（物质的量分数）最大。

实验任务　二氧化碳与灼热碳反应的平衡常数的测定

一、实验依据

二氧化碳与灼热碳的反应：

$$C(s) + CO_2(g) \xrightarrow{\text{高温}} 2CO(g)，\Delta_r H_m = 157.78 \text{ kJ} \cdot \text{mol}^{-1}$$

假定反应气相混合物为理想气体，对于复相化学平衡，其平衡常数用各组分气体分压表示：

$$K_p = \frac{(p_{CO}/p^{\ominus})^2}{(p_{CO_2}/p^{\ominus})} = \frac{(px_{CO}/p^{\ominus})^2}{(px_{CO_2}/p^{\ominus})}$$

在实验条件下反应总压近似保持在 101.325 kPa，故：

$$K_p^{\ominus} = \frac{x_{CO}^2}{x_{CO_2}} = \frac{n_{CO}^2}{n_{CO_2}(n_{CO} + n_{CO_2})} = \frac{n_{CO}^2}{n_{总}(n_{总} - n_{CO})}$$

由理想气体状态方程得：

$$K_p^{\ominus} = \frac{(V_{CO}/RT)^2}{(V_{总}/RT - V_{CO}/RT)(V_{总}/RT)} = \frac{V_{CO}^2}{V_{总}(V_{总} - V_{CO})}$$

式中　V_{CO}——标准态压强下 CO 的体积；

$V_{总}$——标准态压强下 CO 和 CO_2 平衡混合气的总体积。

本实验中对反应达到平衡后的混合气体"冻结"后进行取样分析，可测出 $V_{总}$ 和 V_{CO}。

二氧化碳与碳高温下的等压反应热效应为 $\Delta_r H_m = 157.78 \text{ kJ} \cdot \text{mol}^{-1}$，是吸热反应。温度升高，反应向生成 CO 方向进行，平衡常数增大。而且该反应有体积变化，压强增加，反应向气体体积缩小的方向，即生成 CO_2 方向进行。当压强恒定时，影响化学平衡移动的因素只有温度。故可在不同温度下对反应平衡常数进行测量，从而考察温度对平衡常数的影响。

该反应除考虑热力学平衡外，还要考虑动力学因素。该反应是非均相反应，CO_2 还原成 CO 的速度在温度低于 600 ℃时很慢，在温度高于 1 100 ℃时才显著加快。因此，在较低温度下，反应要达到平衡需要很长时间。

二、任务准备

1. 试剂

碳粒、40% NaOH 溶液、液体石蜡、饱和食盐水。

2. 仪器

反应装置一套(UJ-36 型便携式电位差计一台、XCT-101 动圈式温度指示调节仪一台、镍铬-镍硅/镍铝铠装热电偶两对)、CO_2 钢瓶一个。气相反应平衡常数测定装置如图 5-11 所示。

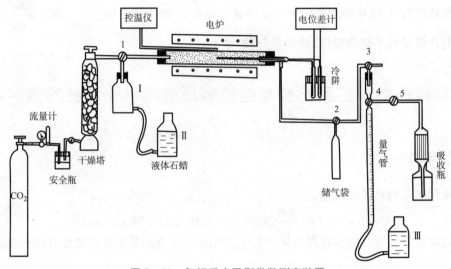

图 5-11　气相反应平衡常数测定装置

三、实验过程

实验过程如表 5-15 所示。

表 5-15　实验过程

任务	实施步骤	实验记录
准备工作	1. 用 CO_2 气体流赶走体系中的空气。将三通活塞 1，2，3 均与大气相通，以每分钟约 0.5 L 的 CO_2 气流冲洗体系 2~3 min，与此同时，提高下口瓶 Ⅱ，使下口瓶 Ⅰ 充满液体石蜡，然后将瓶 Ⅱ 挂起。冲洗完后，关闭钢瓶，旋转活塞 3 使其不与大气和量气管相通。 　2. 充入反应原料气体。旋转活塞 1，使其与反应管不通，将下口瓶 Ⅱ 取下放桌上，开启钢瓶让 CO_2 气体充满下口瓶 Ⅰ，然后关闭钢瓶，旋转活塞 1，使下口瓶 Ⅰ 三不通。 　3. 排除储气袋中的气体。旋转活塞 2，使储气袋与反应管不通而与大气相通(旋转活塞 3)。如果储气袋中有较多气体，先用手轻压气袋，让大部分气体缓慢排出。打开活塞 4 使量气管与大气相通(与气体吸收瓶不通)，提高下口瓶 Ⅲ 让液体充满量气管，旋转活塞 3 使储气袋与量气管相通而与大气不通，下降下口瓶 Ⅲ，储气袋内的余气可用此法抽尽。按此法重复几次直至量气管内的液面保持在活塞 4 上面一定高度处，说明储气袋气体接近抽尽。 　4. 旋转活塞 4 使量气管与大气、吸收瓶、储气袋三不通；旋转活塞 1 使下口瓶 Ⅰ 只与反应管通；旋转活塞 2 使储气袋只与反应管通	

任务	实施步骤	实验记录
体积测定	1. 通电加热进行反应。接好电位差计的测量线路，通电加热，调整动圈式温度指示调节仪的控温指针到所需温度（约 600 ℃），当温度达到预定温度时，控温仪会对炉温进行自动控制。 2. 倒气法使气体充分反应达到平衡。用电位差计测量炉温，当炉温达到预定温度并稳定时，先提升下口瓶Ⅱ，让液体石蜡填充瓶Ⅱ，然后降低下口瓶Ⅱ，让储气袋中的气体倒向瓶Ⅰ中，用倒气法来回倒气 5 次（每倒一次气最好静置 2 ~ 3 min），使体系内的 CO_2 气体能与灼热碳充分反应达到平衡（注意：每个温度下，倒气 5 次的总时间应相同，约为 30 min）。 3. 取混合气进行组分分析。取气前需将活塞 2 与活塞 4 之间及量气管的气体排除。为此，打开活塞 3 和活塞 1 使与大气相通。提高下口瓶Ⅲ，让饱和食盐水充满整个量气管及活塞 3 下方的空间，关闭活塞 4 使量气管与大气、吸收瓶、储气袋三不通，再转动活塞 3 使储气袋与大气不通。打开活塞 4，再转动活塞 2 让量气管液面下降 10 ~ 15 mL（相当于活塞 2 与活塞 3 之间的空间体积），关闭活塞 2。提升下口瓶Ⅲ并转动活塞 3 使量气管与大气相通，此时管内液面上升，让其充满量气管整个内空间后，关闭活塞 3 使量气管与大气不通，再打开活塞 2，用量气管从储气袋或反应体系取气约 45 mL，关闭活塞 4 和活塞 2 使量气管、储气袋、反应管三不通。提升下口瓶Ⅲ，使瓶内的液面与量气管内的液面在同一水平，读取 101.325 kPa 下混合气体的总体积。 4. 进行气体吸收测量 CO 体积。打开活塞 5，准确记下吸收瓶中 NaOH 液面的高度。转动活塞 4 使量气管与气体吸收瓶相通，不断提升、下降下口瓶Ⅲ，使混合气体中的 CO_2 反复被 NaOH 溶液吸收，直至下口瓶Ⅲ放于桌面，量气管内液面保持在某一刻度不变（前后两次测量误差为 0.2 mL 左右）时为止。提升下口瓶Ⅲ，使气体吸收瓶内液面恢复到原来的高度，然后关闭活塞 5 和活塞 4（三不通），再使下口瓶Ⅲ内液面与量气管内的液面在同一水平，读取量气管内 101.325 kPa 下 CO 的体积 V_{CO}。记下炉温（UJ - 36 型便携式电位差计稳定读数）。 5. 将控温仪的指针调节到 700 ℃，当炉温稳定时，按上述步骤 2 ~ 步骤 4 再进行一次实验	1. 炉温设定值：600 ℃ $V_{总}$ = ＿＿＿＿ V_{CO} = ＿＿＿＿ 炉温（电位差计稳定读数）= ＿＿＿＿ 2. 炉温设定值：700 ℃ $V_{总}$ = ＿＿＿＿ V_{CO} = ＿＿＿＿ 炉温（电位差计稳定读数）= ＿＿＿＿
结束工作	1. 结束后倒掉废液，清理台面，洗净用具并归位。 2. 关闭水源和电源总闸，检查钢瓶是否关闭，待炉温下降后，再使体系与大气相通	

注意事项：

（1）开启钢瓶前先检查好气路。此外，气流不能开得过大，以免管道冲脱及石蜡油从下口瓶Ⅱ溢出。

（2）通电加热前，量气管必须与下口瓶Ⅰ及储气袋连通，以免气体膨胀将反应管两端塞子冲开。

（3）实验装置为玻璃仪器连接，旋转活塞时要用左手固定活塞外部，用右手轻旋，切忌远距离单手操作和用力过猛。

四、实验结果

（1）计算不同温度下的平衡常数 $K_p^{\ominus}$。

（2）思考与讨论。

1）进行下一个温度反应，是否需要再充 CO_2 原料气并将体系的气体赶出去？为什么？

2）为什么 CO_2 气体进入反应体系前要预先进行干燥？

五、检查与评价

学生完成本项目实验的学习后，通过自评、小组互评来检查自己对本任务学习的掌握情况。指导教师在整个教学过程中，关注每个小组的检测过程及小组成员的动手能力，并对小组成员动手能力进行评价，学生对所学的各项任务进行抽签决定考核的内容。将具体的检查与评价填入表 5－16 中。

表 5－16　检查与评价

项目	评价标准	分值	学生自评	小组互评	教师评价
方案制定与准备	认真负责、一丝不苟地进行资料查阅，确定实验依据	10			
	协同合作制定方案并合理分工	5			
	相互沟通完成方案修改	5			
	正确清洗及检查仪器	10			
实验测定	正确进行仪器准备	10			
	准确测量，规范操作	10			
	数据记录正确、完整、美观	10			
	正确计算结果，按照要求进行数据修约	10			
	规范编制检测报告	10			
结束工作	结束后倒掉废液，清理台面，洗净用具并归位	5			
	关闭仪器电源，清洗玻璃器皿并归位	10			
	文明操作，合理分工，按时完成	5			

 素质拓展训练

一、填空题

（1）若其他条件不变，改变下列条件对平衡的影响如表 5－17 所示。

表 5－17　不同条件的改变对化学平衡移动的影响

条件的改变(其他条件不变)		化学平衡的移动
浓度	增大反应物浓度或减小生成物浓度	向_____方向移动
	减小反应物浓度或增大生成物浓度	向_____方向移动
压强 (对有气体 存在的反应)	反应前后气体分子数改变　增大压强	向_____方向移动
	反应前后气体分子数不变　减小压强	向_____方向移动
温度	升高温度	向_____方向移动
	降低温度	向_____方向移动
催化剂	使用催化剂	向_____方向移动

（2）一定条件下 $C(s) + H_2O(g) \rightleftharpoons CO(g) + H_2(g)$，$\Delta H > 0$，其他条件不变。

1）增大压强，正反应速率_____、逆反应速率_____，平衡_____移动。

2）升高温度，正反应速率_____、逆反应速率_____，平衡_____移动。

3）充入水蒸气，反应速率_____，平衡_____移动。

4）加入碳，反应速率_____，平衡_____移动。

5）加入催化剂，反应速率_____，平衡_____移动。

二、选择题

（1）某温度下反应 $N_2O_4(g) \rightleftharpoons 2NO_2(g)$（正反应吸热）在密闭容器中达到平衡，下列说法中不正确的是（　　）。

A. 加压(体积变小)将使正反应速率增大

B. 保持体积不变，加入少许 NO_2，将使正反应速率减小

C. 保持体积不变，加入少许 N_2O_4，再达到平衡时，颜色变深

D. 保持体积不变，通入 He，再达到平衡时颜色不变

（2）在一密闭容器中发生反应：$2A(g) + B(g) \rightleftharpoons C(s) + 2D(g)$，$\Delta H < 0$，达到平衡时采取下列措施，可以使正反应速率 $v_正$、物质 D 的物质的量浓度 c_D 增大的是（　　）。

A. 移走少量物质 C　　　　　　　　B. 扩大容积，减小压强

C. 缩小容积，增大压强　　　　　　D. 体积不变，充入惰性气体

（3）恒温下，反应 $aX(g) \rightleftharpoons bY(g) + cZ(g)$ 达到平衡后，把容器体积压缩到原来的一半，当达到新平衡时，物质 X 的物质的量浓度由 0.1 mol/L 增大到 0.2 mol/L，下列判断中正确的是（　　）。

A. $a > b + c$　　　　　　　　　　B. $a < b + c$

C. $a = b + c$　　　　　　　　　　D. $a = b = c$

（4）下列叙述及解释中正确的是（　　）。

A. $NO_2(g)$（红棕色）$\rightleftharpoons \frac{1}{2}N_2O_4(g)$（无色），$\Delta H < 0$，在平衡后，对平衡体系采取缩小容积、增大压强的措施，因为平衡向正反应方向移动，所以体系颜色变浅

B. $H_2(g) + I_2(g) \rightleftharpoons 2HI(g)$，$\Delta H < 0$，在平衡后，对平衡体系采取增大容积、减小压强的措施，因为平衡不移动，所以体系颜色不变

C. $FeCl_3 + 3KSCN \rightleftharpoons Fe(SCN)_3$（红色）$+ 3KCl$，在平衡后，加入少量 KCl，因为平衡向逆反应方向移动，所以体系颜色变浅

D. 对于 $N_2 + 3H_2 \rightleftharpoons 2NH_3$，平衡后，压强不变，充入 O_2，平衡向左移动

项目六 化学动力学

知识目标

1. 掌握化学反应速率、反应速率常数、反应级数及基元反应的概念。
2. 归纳并区分不同级数的化学反应速率方程的动力学特征及其相关计算和应用。
3. 阐明并归纳活化能及阿伦尼乌斯方程的计算方法。

能力目标

1. 能够建立不同级数化学反应速率与化学动力学、生产实际之间的关系。
2. 能够根据反应速率方程对简单级数反应速率常数、转化率等进行计算。
3. 能够根据阿伦尼乌斯方程讨论温度对化学反应速率常数的影响。

素质目标

1. 能够进行团队合作、交流沟通、组织协调、容忍(包容)与批评。
2. 关注与化学有关的社会问题，珍惜资源、爱护环境、合理使用化学物质。

任务一 化学反应速率及其方程

案例导入

当车辆发生剧烈碰撞时，安全气囊会在瞬间弹出，防止驾驶员受伤。这是因为安全气囊里面放置的叠氮化钠(NaN_3)在撞击时发生分解反应：$2NaN_3 \rightleftharpoons 2Na + 3N_2$，该反应非常迅速，能在 0.03 s 充气到位，使乘车人员不直接与汽车接触。相比于 NaN_3 的分解反应，钟乳石的形成十分缓慢，平均每 10 年增加约 1 mm。以上现象说明化学反应有快有慢。

问题引入

"巴氏牛奶"在不同温度下的保质期限为什么不一样?
化学反应的快慢用什么来表示?

一、化学反应速率的定义及表示方法

1. 认识概念

反应物：在化学反应中，参加反应的物质。

生成物：在化学反应中，得到的物质，通常也称产物。

反应速率：以单位时间内在单位体积中化学反应进度的变化来表示反应的快慢程度，反应速率的量纲为[浓度]/[时间]。

2. 现象解释

过氧化氢分解反应会产生气泡，在整个反应过程中，可以发现气泡的产生速率不一致，这种现象说明它的反应速率在改变。

3. 公式介绍

$$aA + bB \Longrightarrow dD + eE$$

对于任一化学反应（也可表示为 $0 = \sum\limits_{B} \nu_B B$ ），反应速率可表示为

$$r = \frac{dc_B}{dt} \tag{6-1}$$

式中　r——反应速率，单位为 mol/(L·s)；

ν_B——物质 B 的化学计量数；

c_B——物质 B 的浓度，单位为 mol·L^{-1}；

t——反应时间，单位为 s。

由上述反应速率公式可得

反应物的消耗速率

$$r_A = -\frac{dc_A}{dt}$$

$$r_B = -\frac{dc_B}{dt}$$

产物的生成速率

$$r_D = \frac{dc_D}{dt}$$

$$r_E = \frac{dc_E}{dt}$$

参与反应的各物质反应速率关系为

$$r_A : r_B : r_D : r_E = a : b : d : e \tag{6-2}$$

在反应过程中，由于反应物不断被消耗，其浓度改变为负值，为使反应速率为正值，故在 dc_A 或 dc_B 前加负号。

对于恒容条件下的气相反应，由于压强比浓度更容易测定，因此可以用反应系统中各组分的分压随时间的变化率来表示反应速率。

$$r = \frac{1}{\nu_B} \cdot \frac{dp_B}{dt} \tag{6-3}$$

式中　p_B——反应物或产物的压强，单位为 Pa。

4. 理论应用

（1）计算反应物的消耗速率。

$$r_A = -\frac{dc_A}{dt}$$

$$r_B = -\frac{dc_B}{dt}$$

（2）计算产物的生成速率。

$$r_D = \frac{dc_D}{dt}$$

$$r_E = \frac{dc_E}{dt}$$

（3）计算参与反应的各物质反应速率关系。

$$r_A : r_B : r_D : r_E = a : b : d : e$$

【实战演练 6 – 1】　一定条件下，在 2 L 密闭容器中分别加入 1 mol O_2 和 2 mol H_2，发生反应 $O_2 + 2H_2 \longrightarrow 2H_2O$，在 4 s 时测得容器中含有 0.8 mol 的 H_2O，求该反应的各物质化学反应速率之比。

解：

	O_2	+	$2H_2$	$\longrightarrow$	$2H_2O$
起始量/mol：	1		2		0
4 s 末量/mol：	1 – 0.4		2 – 0.8		0.8
变化量/mol：	0.4		0.8		0.8

则有

$$r(O_2) = \frac{\Delta c(O_2)}{\Delta t} = \frac{\Delta n(O_2)}{V} \cdot \frac{1}{\Delta t} = \frac{0.4}{2} \times \frac{1}{4} = 0.05 \text{ mol/(L·s)}$$

$$r(H_2) = \frac{\Delta c(H_2)}{\Delta t} = \frac{\Delta n(H_2)}{V} \cdot \frac{1}{\Delta t} = \frac{0.8}{2} \times \frac{1}{4} = 0.10 \text{ mol/(L·s)}$$

$$r(H_2O) = \frac{\Delta c(H_2O)}{\Delta t} = \frac{\Delta n(H_2O)}{V} \cdot \frac{1}{\Delta t} = \frac{0.8}{2} \times \frac{1}{4} = 0.10 \text{ mol/(L·s)}$$

可见　　　$r(O_2) : r(H_2) : r(H_2O) = 0.05 : 0.1 : 0.1 = 1 : 2 : 2$

二、化学反应速率的实验测定

1. 认识概念

动力学曲线（$c – t$ 曲线）：反应中各物质浓度随时间变化的曲线，如图 6 – 1 所示。

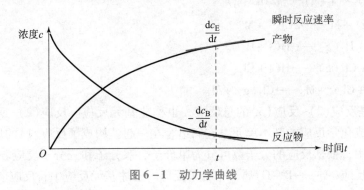

图 6 – 1　动力学曲线

2. 现象解释

通过测定不同时间 t 下某反应物 B 或某产物 E 的浓度，可以得到此反应物或产物的浓度随时间变化的曲线(亦称动力学曲线或 c-t 曲线)，在曲线上某点切线的斜率，为此反应物或产物的瞬时反应速率。

通常采用化学法和物理法来测定反应物(或产物)在不同反应时间的浓度。化学法主要是在某一特定时刻，取出一定量的反应物，然后采用一系列手段(如骤冷、冲稀、添加阻化剂或除去催化剂等)，使反应立即停止，然后进行化学分析，以确定该时刻的反应物浓度。化学法的优点是设备简单，可以直接获取不同时刻的物质浓度。然而，它也存在一些局限性，比如，实验操作比较烦琐，分析速度较慢。此外，如果冻结等手段应用不当，可能会导致较大的误差。

物理法则利用各种物理性质或现代谱仪来监测与浓度有定量关系的物理量的变化，从而求得浓度变化。这些物理性质包括压强、体积、旋光度、折射率、吸收光谱、电导、电动势、介电常数和黏度等。物理法的优点在于它可以实现连续监测，方便快捷，能够进行原位反应，无须终止反应。它的缺点是干扰因素较多，易扩散误差，且所需的测试装置较昂贵。

这两种方法只适用于较慢的化学反应。对于快速反应，比如酸碱中和反应，几乎是在反应物混合的同时就完成了，c-t 曲线是无法测定的。因此针对快速反应，还需要其他特殊的方法进行测定。

三、基元反应速率方程——质量作用定律

1. 认识概念

基元反应(元反应)：由分子(原子、离子或自由基等)直接碰撞而完成的一次化学行为。

反应分子数：一个基元反应中反应物的粒子数目。

质量作用定律：基元反应的反应速率与反应物浓度的幂乘积成正比，其中幂指数为基元反应中反应物化学计量系数的绝对值。

2. 现象解释

(1) $H_2(g) + Cl_2(g) \longrightarrow 2HCl(g)$。

(2) $Cl_2(g) + M \longrightarrow 2Cl \cdot + M$。

(3) $Cl \cdot + H_2(g) \longrightarrow HCl + H \cdot$。

(4) $H \cdot + Cl_2(g) \longrightarrow HCl + Cl \cdot$。

(5) $Cl \cdot + Cl \cdot + M \longrightarrow Cl_2(g) + M$。

反应(1)是反应(2)~反应(5)的总反应，也称非基元反应。反应(2)~反应(5)属于基元反应，为组成化学反应的基本单元，它们组合在一起就构成了反应(1)的反应机理。

基元反应中，根据反应的分子数可分为单分子、双分子和三分子反应。例如，一个孤立分子的分解反应($A \longrightarrow B + C$)属于单分子反应。上述基元反应中，反应(2)~反应(4)属于双分子反应，反应(5)属于三分子反应。目前，分子数大于 3 的基元反应尚未发现。无

论是气相反应还是液相反应，最常见的是双分子反应。需要强调的是，反应分子数是微观概念，只有基元反应采用反应分子数的说法。反应分子数的数值只能是 1，2，3……不可能是零、分数或负数。

3. 公式介绍

对于任一基元反应

$$aA + bB \rightleftharpoons cC + dD$$

基元反应速率方程——质量作用定律为

$$r = kc_A^a c_B^b \tag{6-4}$$

式中 k——速率常数。

质量作用定律只适用于基元反应。

4. 理论应用

计算基元反应的速率。

$$r = kc_A^a c_B^b$$

四、反应级数与速率常数

1. 认识概念

反应级数：化学反应的速率方程中，反应物浓度的幂指数之和。

速率常数：各反应物均为单位浓度时的反应速率，反映化学反应的快慢。

2. 现象解释

在其他条件相同时，观察加热与常温的过氧化氢溶液，可以发现前者产生气泡的速度快很多，这是由于升高温度后，过氧化氢溶液分解的速率常数被大幅提高。

3. 公式介绍

对于反应速率方程

$$r = kc_A^a c_B^b$$

反应级数用 n 表示，

$$n = a + b \tag{6-5}$$

当 $n = 1$ 时，称为一级反应；当 $n = 2$ 时，称为二级反应；基元反应的级数只能是 1，2，3 这样的正整数。对于非基元反应，反应级数可以是整数、分数、正数、负数，还可以是零。

同一温度下，不同反应的速率常数 k 越大，反应越快。k 值与反应物浓度和压强的大小无关，当催化剂等其他条件确定时，k 只是温度的函数。速率常数的量纲为 $[浓度]^{1-n} \cdot [时间]^{-1}$，因此通过速率常数的单位可以推测化学反应的级数。例如，速率常数单位为 s^{-1}，则可以判断该反应级数为 1。

4. 理论应用

计算化学反应的级数。

$$r = kc_A^a c_B^b \Rightarrow n = a + b$$

化学中的冷冻技术与应用

冷冻技术已成为化学领域的重要工具，广泛应用于实验、合成及工业生产等多个环节。在化学实验中，为了深入探究物质的性质和反应特性，研究者经常需要借助冷冻技术将化学物质迅速降至极低温度。这种冷却过程能够有效减缓分子的热运动，进而控制化学反应的速率和方向。例如，液氮以其 – 196 ℃的超低沸点，成为实验室中最常用的冷却剂，它能帮助研究者精准地调控实验条件，为反应动力学和新反应路径的探索提供有力支持。

在化学合成方面，低温环境有助于提升合成反应的选择性，确保目标产物的高效生成。通过降低反应温度，能够减少不必要的副反应，从而获得更纯净、收率更高的最终产品。此外，冷冻技术还广泛应用于冷冻干燥过程，通过低温冻结和减压处理，将水分从固态直接升华为气态，为制备干燥的化学品提供了有效手段。

在化学工业领域，许多工艺流程都依赖低温环境来实现高效、高选择性的化学反应。例如，在液化天然气的生产中，冷冻技术是实现气体液化、便于储运的关键。此外，高纯度化学品的制备也离不开冷冻技术的支持，它能够有效去除原料中的杂质，确保最终产品的高纯度和高质量。

随着科技的持续进步，冷冻技术在化学及相关领域的应用前景将更为广阔。它不仅为化学研究提供了有力工具，也为化学工业的发展注入了新活力。

 素质拓展训练

一、选择题

（1）用物理方法测定化学反应速率的主要优点在于（　　　）。

A. 不用控制反应温度

B. 不用准确记录时间

C. 可连续操作、迅速、准确

D. 不需要玻璃仪器和药品

（2）反应 $A + 2B \longrightarrow Y$，若其速率方程为 $-\dfrac{dc_A}{dt} = k_A c_A c_B$ 或 $-\dfrac{dc_B}{dt} = k_B c_A c_B$，则 k_A，k_B 的关系是（　　　）。

A. $k_A = k_B$　　　　B. $k_A = 2k_B$　　　　C. $2k_A = k_B$　　　　D. $k_A = 3k_B$

二、填空题

（1）测定反应物（或产物）在不同反应时刻的浓度一般可用____方法和____方法。

（2）基元反应的分子数是个微观的概念，其值____。

三、判断题

（1）反应速率常数与反应物的浓度有关。　　　　　　　　　　　　　（　　　）

（2）反应级数不可能为负值。　　　　　　　　　　　　　　　　　　（　　　）

（3）质量作用定律仅适用于基元反应。 （ ）

任务二　简单级数反应的速率方程

◎ **案例导入**

当反应级数为零或正整数时，该化学反应称为简单级数反应。可通过简单级数反应的速率方程及其特征来进行有关计算。例如，放射性元素的衰变是一级反应，在放射化学中，衰变速率总是用半衰期来表示，而镭的半衰期是 1690 年，由此可算出镭衰变为氡的一级反应的速率常数为 $1.319 \times 10^{-11} \mathrm{s}^{-1}$。

◎ **问题引入**

什么是一级反应？
简单级数反应有哪些？

简单级数反
应的速率方程

一、一级反应

1. 认识概念

一级反应：反应速率与反应物浓度的一次方成正比。

反应的半衰期 $t_{1/2}$：反应物反应掉 1/2 所需要的时间。

2. 现象解释

在一级反应中，随着反应物浓度的减少，反应速率也随之减慢。一级反应的反应物浓度随时间指数降低。放射性衰变、某些酶催化的反应等都属于一级反应。

3. 公式介绍

对于反应

$$aA \longrightarrow 产物$$

速率方程的微分式为

$$-\frac{\mathrm{d}c_A}{\mathrm{d}t} = k_A c_A \tag{6-6}$$

积分可得

$$\ln \frac{c_{A,0}}{c_A} = k_A t \tag{6-7}$$

式中　$c_{A,0}$——反应物 A 的初始浓度；

　　　c_A——某一时刻 t 时反应物 A 的浓度。

用 x_A 表示反应物 A 在 t 时的转化率，可得

$$x_A = \frac{c_{A,0} - c_A}{c_{A,0}} \tag{6-8}$$

代入式（6-7）得

$$\ln \frac{1}{1-x_A} = k_A t$$

反应的半衰期

$$t_{1/2} = \frac{\ln 2}{k_A} = \frac{0.693}{k_A} \tag{6-9}$$

一级反应的特征如下。

（1）若以 $\ln c_A$ 为纵坐标，以时间 t 为横坐标作图，可得一条直线，如图6-2所示，直线的斜率为 $-k_A$。

（2）一级反应的半衰期为常数，与速率常数成反比，与反应物的起始浓度无关。

（3）一级反应速率常数的量纲为 [时间]$^{-1}$。

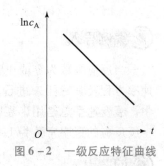

图6-2　一级反应特征曲线

4. 理论应用

（1）计算反应的速率常数。

$$\ln \frac{c_{A,0}}{c_A} = k_A t \Rightarrow k_A = \frac{1}{t} \ln \frac{c_{A,0}}{c_A}$$

（2）计算反应的半衰期。

$$t_{1/2} = \frac{\ln 2}{k_A} = \frac{0.693}{k_A}$$

（3）计算反应某一转化率的时间。

$$t = \frac{1}{k_A} \ln \frac{1}{1-x_A}$$

【实战演练6-2】　某放射性同位素经20天后放射性降低10%。

试求：

（1）速率常数。

（2）半衰期。

（3）分解掉90%所需时间。

解：

（1）$k_A = \dfrac{1}{t} \ln \dfrac{c_{A,0}}{c_A} = \dfrac{1}{20} \ln \dfrac{100}{100-10} = 0.005\,27$ 天$^{-1}$。

（2）$t_{1/2} = \dfrac{\ln 2}{k_A} = \dfrac{0.693}{0.005\,27} = 131$ 天。

（3）$t = \dfrac{1}{k_A} \ln \dfrac{1}{1-x_A} = \dfrac{1}{0.005\,27} \ln \dfrac{1}{1-0.9} = 437$ 天。

实验任务　蔗糖水解反应速率常数的测定

一、实验目的

（1）知道蔗糖转化反应系统中各物质浓度与旋光度之间的关系及旋光仪的基本原理与构造。

（2）掌握旋光度与蔗糖转化反应速率系数的关系及 α_t 与 α_∞ 的测定方法。

（3）掌握旋光仪的使用方法。

二、实验依据

蔗糖在水中转化成葡萄糖与果糖，其反应为

$$C_{12}H_{22}O_{11} + H_2O \xrightarrow{H^+} C_6H_{12}O_6 + C_6H_{12}O_6$$
（蔗糖）　　　　　（果糖）（葡萄糖）

该反应是一个二级反应，但是在纯水中反应的速率极慢，通常需要在 H^+ 的催化作用下进行。当蔗糖含量不高时，反应中存在大量的水，尽管有部分水参加了反应，仍可近似地认为整个反应过程中水的浓度是恒定的。而 H^+ 是催化剂，其浓度也保持不变。因此该蔗糖转化反应可视为一级反应，其反应速率方程式为

$$-\frac{dc}{dt} = kc \qquad (6-10)$$

式中　k——反应速率常数；

　　　c——t 时刻蔗糖的浓度。

将式（6-10）积分得：

$$\ln c = -kt + \ln c_0 \qquad (6-11)$$

式中　c_0——蔗糖的起始浓度。

蔗糖、果糖、葡萄糖都含有不对称的碳原子，它们都具有旋光性。蔗糖与葡萄糖具有右旋性，果糖具有左旋性，且果糖的左旋性大于葡萄糖的右旋性，因此生成物呈左旋性。随着蔗糖水解反应的进行，溶液的右旋性逐渐变小，最后变为左旋性。因此反应物浓度随时间的变化可利用旋光度的变化来度量。溶液的旋光度与溶液中所含旋光物质的旋光能力、溶剂的性质、溶液的浓度、样品管长度、光源波长及温度等因素有关。当其他条件均固定时，旋光度 α 与旋光物的浓度 c 成线性关系，即

$$\alpha = kc \qquad (6-12)$$

式中，比例常数 k 与物质的旋光能力、溶剂性质、样品管长度、温度等有关。

若反应开始的旋光度为 α_0，经过时间 t 后的旋光度为 α_t，反应完毕（即蔗糖已完全转化）时旋光度为 α_∞。当测定在同一条件下进行时，根据式（6-12），则

$$\alpha_0 = k_{反} c_0，蔗糖尚未转化 \qquad (6-13)$$

$$\alpha_\infty = k_{生} c_0，蔗糖已完全转化 \qquad (6-14)$$

式（6-13）、式（6-14）中的 $k_{反}$ 和 $k_{生}$ 分别为反应物与生成物所对应的常数。当时间为 t 时，蔗糖浓度为 c，此时旋光度 α_t 为

$$\alpha_t = k_{反} c + k_{生}(c_0 - c) \qquad (6-15)$$

$k_{生}$ 代表生成物的反应速率，$k_{反}$ 代表反应物的反应速率，α_t 为未转化的蔗糖 c 及转化糖 $(c_0 - c)$ 的旋光度之和。

式（6-13）、式（6-14）、式（6-15）联立可得

$$\alpha_0 - \alpha_\infty = (k_{反} - k_{生})c_0 \qquad (6-16)$$

$$\alpha_t - \alpha_\infty = (k_{反} - k_{生})c \qquad (6-17)$$

将式(6-16)、式(6-17)代入式(6-11)中得：
$$\ln(\alpha_t - \alpha_\infty) = -kt + \ln(\alpha_0 - \alpha_\infty) \tag{6-18}$$
以 $\ln(\alpha_t - \alpha_\infty)$ 对 t 作图，应得一条直线，通过其斜率即可求得反应速率常数 k，进而求出反应的半衰期 $t_{1/2}$。

三、任务准备

1. 试剂

$3\sim6$ mol/L 盐酸溶液、$10\%\sim15\%$ 蔗糖溶液。

2. 仪器

旋光仪 1 台、电热恒温水浴锅 1 台、锥形瓶 2 个、移液管 2 支。

四、实验步骤

蔗糖水解反应速率常数测定的实验步骤如表 6-1 所示。

表 6-1 实验步骤

任务	具体实施		要求
	实施步骤	实验记录	
旋光仪零点的校正	把旋光管一端的盖旋开(注意盖内玻片以防跌碎)，洗净各部分后注满蒸馏水，然后将玻片盖好旋紧。如有小气泡，可将其赶至旋光管凸起部分，使其不在光路上即可。把旋光管外壳及两端玻片水渍擦干。将旋光管放入旋光仪内，盖上机槽盖，预热 5 min，旋转刻度盘至 0° 附近。调节目镜聚焦，使视野清晰，然后轻轻转动刻度盘下边的螺旋使视野亮度均匀，记录刻度盘上的读数，即为旋光仪的零点	记录： $\alpha = $ _____	1. 装样品时，旋光管管盖旋至不漏液体即可，不要用力过猛，以免压碎玻璃片。 2. 测定 α_∞ 时，通过加热使反应加快转化完全，但加热温度不要超过 60 ℃。 3. 由于酸对仪器有腐蚀，操作时应特别注意，避免酸液滴到仪器上。实验结束后必须将旋光管洗净。 4. 旋光仪中的钠光灯不宜长时间开启，测量间隔较长时应熄灭，以免损坏
蔗糖转化过程中 α_t 的测定	用移液管取 50 mL 蔗糖溶液放入 100 mL 锥形瓶内，再用另一移液管取 50 mL 盐酸溶液放入另一锥形瓶内。将盐酸溶液迅速倒入蔗糖溶液中，倾倒约一半时按下秒表开始计时，以此作为反应的起点(t_0)。溶液加完后摇匀。倒出旋光管中的蒸馏水，以少量反应混合液润洗旋光管三次，然后装满混合液，测定不同反应时间下的 α_t。从开始计时起，每隔 $3\sim5$ min 测定一次 α_t，共测 10 组数据后停止	记录： $\alpha_t = $ _____	
α_∞ 的测定	在测定 α_t 的同时，把锥形瓶内剩余的混合液放在 50 ℃ 左右的恒温水浴内，塞上瓶塞，加热 30 min(加热促使蔗糖全部水解，但注意温度不宜过高，否则将产生副反应，颜色变黄)。取出锥形瓶用自来水冲淋冷却至室温后，测定 α_∞，可间隔数分钟测定数次，如旋光度不再发生变化，则可以认为反应已进行完毕	记录： $\alpha_\infty = $ _____	
实验结束	实验结束后，洗净旋光管并装满蒸馏水，洗净锥形瓶并干燥，以便下次实验使用		

五、数据处理

（1）列表记录时间、旋光度 α_t 及 α_∞，并计算 $\ln(\alpha_t - \alpha_\infty)$ 列表。

（2）以 t 为横坐标，$\ln(\alpha_t - \alpha_\infty)$ 为纵坐标作图，由直线斜率求出反应速率常数 k，并计算出反应的半衰期 $t_{1/2}$。

（3）计算出 $t = 0$ 时的旋光度 α_0。

六、思考题

（1）在实验中，用蒸馏水来校正旋光仪的零点，若不进行校正，对实验结果是否有影响？

（2）在混合蔗糖溶液和 HCl 溶液时，将 HCl 溶液加到蔗糖溶液中去，可否把蔗糖溶液加到 HCl 溶液中去？为什么？

（3）在测量反应混合液时刻 t 对应的旋光度 α_t 时，能否像测蒸馏水的旋光度那样，重复测三次后取平均值？

七、检查与评价

学生完成本项目实验的学习后，通过自评、小组互评来检查自己对本任务学习的掌握情况。指导教师在整个教学过程中，关注每个小组的检测过程及小组成员的动手能力，并对小组成员动手能力进行评价，学生对所学的各项任务进行抽签决定考核的内容。将具体的检查与评价填入表 6-2 中。

表 6-2 检查与评价

项目	评价标准	分值	学生自评	小组互评	教师评价
方案制定与准备	认真负责、一丝不苟地进行资料查阅，确定实验依据	10			
	协同合作制定方案并合理分工	5			
	相互沟通完成方案修改	5			
	正确清洗及检查仪器	10			
实验测定	正确进行仪器准备	10			
	准确测量，规范操作	10			
	数据记录正确、完整、美观	10			
	正确计算结果，按照要求进行数据修约	10			
	规范编制检测报告	10			
结束工作	结束后倒掉废液，清理台面，洗净用具并归位	5			
	关闭仪器电源，清洗玻璃器皿并归位	10			
	文明操作，合理分工，按时完成	5			

二、二级反应

1. 认识概念

二级反应：反应速率与反应物 A 浓度的平方成正比，或与两种反应物 A 和 B 的浓度的乘积成正比。

2. 现象解释

二级反应在化学领域中很常见，许多重要的化学反应都遵循二级反应动力学。例如，乙烯、丙烯、异丁烯的二聚反应，乙酸乙酯的水解，二氧化氮的分解等都属于二级反应。

3. 公式介绍

二级反应有两种类型。

（1）一种反应物的情形： $aA \longrightarrow$ 产物

速率方程为

$$-\frac{dc_A}{dt} = k_A c_A^2 \qquad (6-19)$$

对式（6-19）积分可得

$$\frac{1}{c_A} - \frac{1}{c_{A,0}} = k_A t \qquad (6-20)$$

用某一时刻的转化率 x_A 表示的积分式为

$$\frac{1}{c_{A,0}} \cdot \frac{x_A}{1-x_A} = k_A t \qquad (6-21)$$

二级反应的半衰期

$$t_{1/2} = \frac{1}{k_A}\left(\frac{1}{c_{A,0}/2} - \frac{1}{c_{A,0}}\right) = \frac{1}{k_A c_{A,0}} \qquad (6-22)$$

二级反应的特征如下。

1）若以 $\frac{1}{c_A}$ 为纵坐标，以时间 t 为横坐标作图，可得一条直线，如图6-3所示，直线的斜率为 k_A。

2）二级反应的半衰期与反应物的初始浓度成反比。

3）二级反应速率常数的量纲为 ［浓度］$^{-1}$ · ［时间］$^{-1}$。

（2）两种反应物的情形：

$$aA + bB \longrightarrow 产物$$

速率方程为

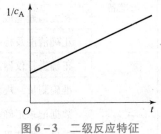

图6-3　二级反应特征

$$-\frac{dc_A}{dt} = k_A c_A c_B \qquad (6-23)$$

若 $a \neq b$，且两种反应物浓度 $c_{B,0} = c_{A,0}$，则任一时刻 $c_B = c_A$，由此可得

$$-\frac{dc_A}{dt} = k_A c_A^2$$

该式积分结果同式（6-20）。

若 $a = b$，且两种反应物初始浓度满足 $c_{B,0}/b = c_{A,0}/a$，则任一时刻 $c_B/b = c_A/a$，由此可

得

$$-\frac{dc_A}{dt} = k_A c_A c_B = \frac{b}{a} k_A c_A^2 = k_A' c_A^2$$

该式积分结果同式(6-20)，但式中的 k_A 变为 k_A'。

4. 理论应用

（1）计算反应的速率常数。

$$\frac{1}{c_A} - \frac{1}{c_{A,0}} = k_A t$$

（2）计算反应的半衰期。

$$t_{1/2} = \frac{1}{k_A}\left(\frac{1}{c_{A,0}/2} - \frac{1}{c_{A,0}}\right) = \frac{1}{k_A c_{A,0}}$$

（3）计算反应某一转化率的时间。

$$t = \frac{1}{k_A}\left(\frac{1}{c_A} - \frac{1}{c_{A,0}}\right)$$

【实战演练 6-3】　某二级反应，反应物消耗 1/4 需要 10 min，那么再消耗初始量的 1/4 还需要多少时间？

解：假设反应物初始浓度 $c_{A,0} = 1$，根据反应物消耗 1/4 需要 10 min，可得

$$k_A = \frac{1}{t_{1/4}}\left(\frac{1}{c_A} - \frac{1}{c_{A,0}}\right) = \frac{1}{10} \times \left(\frac{4}{3} - 1\right) = \frac{1}{30}$$

消耗初始量 1/2 的时间为

$$t_{1/2} = \frac{1}{k_A c_{A,0}} = \frac{1}{\left(\dfrac{1}{30} \times 1\right)} = 30 \text{ min}$$

故再消耗初始量的 1/4 还需要时间为

$$t = 30 - 10 = 20 \text{ min}$$

三、零级反应

1. 认识概念

零级反应：反应速率与反应物浓度无关的反应。

2. 现象解释

假设溶液中有 1 万个过氧化氢分子，用 10 个过氧化氢酶去分解，每个酶每分钟可以分解 100 个过氧化氢分子。如果将过氧化氢分子增加一倍，酶分解的速率仍然保持不变，这种反应速率与反应物浓度无关的反应称为零级反应。

3. 公式介绍

对于反应　　　　　　　　　　　　$aA \longrightarrow$ 产物

速率方程为

$$-\frac{dc_A}{dt} = k_A c_A^0 = k_A \tag{6-24}$$

对式(6-24)积分可得

$$c_{A,0} - c_A = k_A t \tag{6-25}$$

零级反应的半衰期

$$t_{1/2} = \frac{c_{A,0}}{2k_A} \tag{6-26}$$

零级反应的特征如下。

（1）若以 c_A 为纵坐标，以时间 t 为横坐标作图，可得一条直线，如图 6-4 所示，直线的斜率为 $-k_A$。

（2）零级反应的半衰期与反应物的初始浓度成正比。

（3）零级反应速率常数的量纲为 $[\text{浓度}] \cdot [\text{时间}]^{-1}$。

4. 理论应用

（1）计算反应的速率常数。

$$c_{A,0} - c_A = k_A t$$

（2）计算反应的半衰期。

$$t_{1/2} = \frac{c_{A,0}}{2k_A}$$

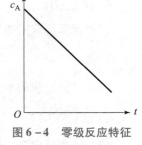

图 6-4　零级反应特征

（3）计算反应某一转化率的时间。

$$t = \frac{1}{k_A}(c_{A,0} - c_A)$$

将以上三种级数反应的速率方程及其特征，总结到表 6-3 中。

表 6-3　级数反应的速率方程及其特征

级数	速率公式		特征		
	微分式	积分式	$t_{1/2}$	直线关系	k 的量纲
0					
1					
2					
n	$-\dfrac{\mathrm{d}c_A}{\mathrm{d}t} = k_A c_A^n,\ n \neq 1$	$\dfrac{1}{n-1}\left(\dfrac{1}{c_A^{n-1}} - \dfrac{1}{c_{A,0}^{n-1}}\right) = k_A t$	$\dfrac{2^{n-1}-1}{(n-1)k_A c_{A,0}^{n-1}}$	$\dfrac{t}{c_A^{n-1}}$	$[\text{浓度}]^{1-n} \cdot [\text{时间}]^{-1}$

 素质拓展训练

一、选择题

（1）某反应 $A \longrightarrow Y$，其速率常数 $k_A = 6.93\ \text{min}^{-1}$，则该反应物 A 的浓度从 $0.5\ \text{mol} \cdot \text{dm}^{-3}$ 变到 $0.1\ \text{mol} \cdot \text{dm}^{-3}$ 所需时间是（　　　）。

A. 0.2 min　　　　B. 0.1 min　　　　C. 1 min　　　　D. 0.5 min

（2）对于反应 $A \longrightarrow Y$，若反应物 A 的浓度减少 1/2，其半衰期也缩短 1/2，则该反应为（　　　）。

A. 零级反应　　　B. 一级反应　　　C. 二级反应　　　D. 无法确定

二、填空题

（1）一级反应的特征是_____，_____，_____。

（2）若反应 A ——→Y 为零级反应，则半衰期为_____。

（3）二级反应的半衰期与反应物的初始浓度的关系为_____。

三、判断题

（1）若一个反应是一级反应，则该反应速率与反应物浓度的一次方成正比。 （　　）

（2）一个化学反应进行完全所需的时间是半衰期的 2 倍。 （　　）

（3）若反应 A + B ===Y + Z 的速率方程为 $r = kc_A c_B$，则该反应是二级反应。 （　　）

任务三　温度对反应速率的影响

案例导入

食物的保存时长在不同季节表现出显著差异，这是因为温度对食物腐败速率有影响。由于冬天温度较低，食物腐败的速度明显减慢，因此能够保持更长时间的新鲜。相反，夏天的高温加速了食物的腐败过程，导致食物更快地变质。这种现象揭示了温度对化学反应速率的重要影响。化学反应速率描述的是反应进行的快慢程度，而温度是影响反应速率的关键因素之一。

问题引入

用洗洁精洗碗时，为什么用热水比冷水更容易洗去油污？

酶催化时，为什么有时升温反而会导致反应速率降低？

一、范特霍夫规则

1. 认识概念

范特霍夫规则：对于大多数反应，温度每升高 10 K，反应速率或反应速率常数一般增大 2~4 倍。

2. 现象解释

不同类型的反应，温度对反应速率的影响不同，如图 6 – 5 所示。第 I 种类型的反应速率随温度的升高而逐渐加快，它们之间呈指数型增长关系，这类反应最常见；第 II 种类型是有爆炸极限的化学反应，特点是温度升到某一值后，反应速率迅速增长，发生爆炸；第 III 种类型在一些多相催化反应出现，只在某一温度时速率最大；第 IV 种类型出现在碳的氧化反应中，反应速率出现极大值和极小值，可能是由于温度升高时副反应产生的较大影响，使反应复杂化；第 V 种类型温度升高反应速率反而下降，例如，2NO + O₂ ——→2NO₂ 属于这类情况。

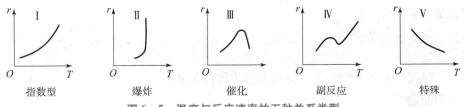

图 6-5　温度与反应速率的五种关系类型

3. 公式介绍

范特霍夫经验规则：

反应速率的影响因素

$$\frac{r_{(T+10\,\text{K})}}{r_{(T)}} = \frac{K_{(T+10\,\text{K})}}{K_{(T)}} = 2 \sim 4 \qquad (6-27)$$

应用：估计温度对反应速率的影响。

缺点：不精确。可在数据缺乏或不要求结果精确时采用。

二、阿伦尼乌斯方程

1. 认识概念

阿伦尼乌斯方程：1889 年，阿伦尼乌斯提出了表示 k – T 关系较为准确的经验方程，称为阿伦尼乌斯方程。

指前因子：化学反应的重要动力学参量之一，与速率常数 k 具有相同的量纲。

阿伦尼乌斯活化能：简称活化能，也是化学反应的重要动力学参量之一。

2. 现象解释

阿伦尼乌斯方程的现象是随着温度的升高，分子获得的能量增加，使得更多分子具有足够的能量进行有效碰撞并导致反应发生。这种有效碰撞的频率和反应速率与温度之间呈指数型增长关系，并且受到活化能和指前因子的影响。因此，通过控制温度可以调控化学反应的速率，实现更好的实验效果和工业生产效率。

3. 公式介绍

（1）阿伦尼乌斯方程指数形式：

$$k = Ae^{-\frac{E_a}{RT}} \qquad (6-28)$$

式中　E_a——阿伦尼乌斯活化能，单位为 $\text{J} \cdot \text{mol}^{-1}$；

　　　A——指前因子或频率因子，单位与 k 相同；

　　　R——摩尔气体常数，8.314 $\text{J}/(\text{mol} \cdot \text{K})$；

　　　T——热力学温度，单位为 K。

（2）阿伦尼乌斯方程对数形式：

对式(6-28)取对数可得

$$\ln k = -\frac{E_a}{RT} + \ln A \qquad (6-29)$$

以 $\ln k$ 对 $1/T$ 作图可得一条直线，直线的斜率为 $-E_a/R$，截距为 $\ln A$。

（3）阿伦尼乌斯方程微分形式：

将式(6-29)对 T 微分可得

$$\frac{\mathrm{dln}k}{\mathrm{d}T} = \frac{E_\mathrm{a}}{RT^2} \tag{6-30}$$

由式(6-30)可知，E_a 大的反应对温度的变化更敏感。且同一反应，在低温区比在高温区对温度的变化更敏感。

（4）阿伦尼乌斯方程定积分形式：

将式(6-30)积分可得

$$\ln\frac{k_2}{k_1} = \frac{E_\mathrm{a}}{R}\left(\frac{1}{T_1} - \frac{1}{T_2}\right) \tag{6-31}$$

4. 理论应用

（1）计算反应的速率常数。

$$k = A\mathrm{e}^{-\frac{E_\mathrm{a}}{RT}}$$

（2）计算指前因子。

$$A = k\mathrm{e}^{\frac{E_\mathrm{a}}{RT}}$$

（3）k_1，k_2，T_1，T_2，E_a 的相互计算。

$$E_\mathrm{a} = R\ln\frac{k_2}{k_1}\Big/\left(\frac{1}{T_1} - \frac{1}{T_2}\right)$$

【**实战演练 6-4**】　某物质发生分解反应，已知 283 K 时，该反应的速率系数为 $1 \times 10^{-5}\ \mathrm{s}^{-1}$，333 K 时，该反应的速率系数为 $5 \times 10^{-3}\ \mathrm{s}^{-1}$。

试求：

（1）反应的活化能 E_a。

（2）反应在 303 K 时的速率系数、半衰期和该物质分解 70% 所需的时间。

解：

（1）由 $\ln\dfrac{k_2}{k_1} = \dfrac{E_\mathrm{a}}{R}\left(\dfrac{1}{T_1} - \dfrac{1}{T_2}\right)$ 得

$$\ln\frac{5 \times 10^{-3}}{1 \times 10^{-5}} = \frac{E_\mathrm{a}}{8.314}\left(\frac{1}{283} - \frac{1}{333}\right)$$

$$E_\mathrm{a} = 97.4\ \mathrm{kJ \cdot mol^{-1}}$$

（2）由 $\ln\dfrac{k(303\ \mathrm{K})}{1 \times 10^{-5}} = \dfrac{97.4 \times 10^3}{8.314}\left(\dfrac{1}{283} - \dfrac{1}{303}\right)$ 得

$$k(303\ \mathrm{K}) = 1.53 \times 10^{-4}\ \mathrm{s}^{-1}$$

$$t_{1/2} = \frac{\ln2}{k(303\ \mathrm{K})} = \frac{\ln2}{1.53 \times 10^{-4}} = 4\,530\ \mathrm{s}$$

分解 70% 所需时间：

$$t = \frac{1}{k(303\ \mathrm{K})}\ln\frac{1}{1-x_\mathrm{A}} = \frac{1}{1.53 \times 10^{-4}}\ln\frac{1}{1-0.7} = 7\,869\ \mathrm{s}$$

【**实战演练 6-5**】　在 500 K 时，某一级反应半衰期为 200 min，活化能为 2×10^5 $\mathrm{J \cdot mol^{-1}}$。试计算此反应在 600 K 时的速率常数 k_2。

解：

该反应是一级反应，且 $T_1 = 500\ \mathrm{K}$，$T_2 = 600\ \mathrm{K}$，

故 $$t_{1/2} = \frac{\ln 2}{k_1} = \frac{0.693}{k_1} = 200 \text{ min}$$

求得 $$k_1 = 3.46 \times 10^{-3} \text{ min}^{-1}$$

由 $\ln \frac{k_2}{k_1} = \frac{E_a}{R}\left(\frac{1}{T_1} - \frac{1}{T_2}\right)$ 得 $$k_2 = 10.52 \text{ min}^{-1}$$

实验任务　乙酸乙酯皂化反应速率系数的测定

一、实验目的

（1）知道电导法测定化学反应速率系数的原理。
（2）学会用图解法求二级反应的速率系数，并计算该反应的活化能。
（3）学会电导仪和恒温水浴的使用技术。

二、实验依据

乙酸乙酯皂化反应是二级反应，其反应式为

$$CH_3COOC_2H_5 + OH^- \longrightarrow CH_3COO^- + C_2H_5OH$$

不同时间下生成物的浓度可用化学分析法测定（如分析反应液中 OH^- 的浓度），也可用物理分析法测定（如测量电导），乙酸乙酯皂化反应的反应物和生成物只有 NaOH 和 NaAc 是强电解质，因此本实验采用电导法测定。其测定依据：一是溶液中 OH^- 的电导比 CH_3COO^- 的电导大得多，因此在反应进行过程中，电导大的 OH^- 逐渐被电导小的 CH_3COO^- 所取代，溶液的电导也就随之下降；二是在稀溶液中，每种强电解质的电导与其浓度呈正比，而且溶液的总电导等于组成溶液的电解质的电导之和。根据以上两点，如果在稀溶液下反应，则通过二级反应方程：

$$\frac{1}{c_{A,0}} \cdot \frac{c_t}{c_{A,0} - c_t} = k_A t$$

式中　$c_{A,0}$——乙酸乙酯的初始浓度；

c_t——时间为 t 时生成物的浓度。

可推导出反应速率常数与电导率的关系为

$$k = \frac{1}{c_{A,0}t} \cdot \frac{G_0 - G_t}{G_t - G_\infty} \quad (6-32)$$

式中　G_0——反应开始时溶液的总电导（此时只有一种电解质）；

G_∞——反应结束时溶液的总电导（此时只有一种电解质）；

G_t——时间为 t 时溶液的总电导。

由实验测得 G_0，G_∞ 和 G_t 的值可计算出速率系数 k，也可以将式（6-32）变换成不同的直线方程作图，由直线的斜率求出 k 值。

反应速率系数与温度的关系一般符合阿仑尼乌斯方程，即

$$\ln k = -\frac{E_a}{RT} + \ln A$$

以 $\ln k$ 对 $1/T$ 作图，应得一直线，由直线的斜率可求出 E_a 值；也可以通过测定两个温度下的速率系数，用积分式来计算，即

$$\ln \frac{k_2}{k_1} = \frac{E_a}{R} \left(\frac{1}{T_1} - \frac{1}{T_2} \right).$$

三、任务准备

1. 试剂

NaOH 溶液($0.02 \text{ mol} \cdot \text{L}^{-1}$)、乙酸乙酯(分析纯)、蒸馏水、NaAc 溶液($0.01 \text{ mol} \cdot \text{L}^{-1}$)。

2. 仪器

电导仪、恒温槽、微量进样器、移液管、叉形管、大试管、容量瓶、滴管、烧杯、移液管架。

四、实验过程

乙酸乙酯皂化反应速率系数测定的实验过程如表6-4所示。

表6-4　实验过程

任务	具体实施		要求
	实施步骤	实验记录	
恒温槽调节及溶液的配制	将恒温槽的温度调至(25.0 ± 0.1)℃，配制 $0.02 \text{ mol} \cdot \text{L}^{-1}$乙酸乙酯溶液 50 mL。将叉形管及两个大试管洗净、烘干，放入恒温槽中。往一个大试管中加入 10 mL $0.02 \text{ mol} \cdot \text{L}^{-1}$NaOH 溶液与同体积蒸馏水混合均匀，待测；往另一个大试管中加入 20 mL $0.01 \text{ mol} \cdot \text{L}^{-1}$NaAc 溶液恒温；在叉形管的直管中加入 10 mL $0.02 \text{ mol} \cdot \text{L}^{-1}$乙酸乙酯溶液，在支管中小心加入 10 mL $0.02 \text{ mol} \cdot \text{L}^{-1}$NaOH 溶液，用橡皮塞盖好	记录： 温度 $T = $ _____ 称量乙酸乙酯质量 $W_1 = $ _____ 称量蒸馏水质量 $W_2 = $ _____	1. 本实验需用蒸馏水，并避免接触空气及落入灰尘杂质。 2. 配好的 NaOH 溶液要防止空气中的 CO_2 气体进入。 3. 乙酸乙酯溶液和 NaOH 溶液浓度必须相同。 4. 乙酸乙酯溶液需临时配制，配制时动作要迅速，以减少挥发损失
G_0 的测量	熟悉电导仪的使用方法，接好线路。将换挡开关置于"校正"位置，打开电源开关，指示灯亮。预热 3 min，待指针稳定后调节校正调节器，使电表满刻度，将高、低挡开关扳到"高"，将"常数"旋钮旋至电极常数值对应位置上。量程开关放在×10^3 挡，将电极插入电导池插口内，旋紧插口螺丝，再将电极小心浸入装有 NaOH 溶液的大试管中测 G_0，调节校正调节器，使电表满刻度。将换挡开关扳向"测量"，此时将表盘上的读数($0 \sim 3.0$)乘以 10^3 即为 $0.01 \text{ mol} \cdot \text{L}^{-1}$NaOH 溶液的电导 G_0	记录： $G_0 = $ _____	
G_∞ 的测量	取出电导电极后冲洗干净，吸干后放入装有 $0.01 \text{ mol} \cdot \text{L}^{-1}$NaAc 溶液的大试管中恒温几分钟，开始测试，当画出一条水平线时($5 \sim 10 \text{ min}$)，停止测试。	记录： $G_\infty = $ _____	

任务	具体实施		要求
	实施步骤	实验记录	
G_t 的测量	将电导电极插入叉形管中恒温 10 min 后，将侧支管中溶液全部倒入直管中，再将叉形管中溶液向两个支管中往返几次使溶液混合均匀，同时开始计时测量 G_t。重复以上步骤，测定 35 ℃下的 G_0，G_∞，G_t	记录： $G_t =$ _____ 35 ℃下： $G_0 =$ _____ $G_\infty =$ _____ $G_t =$ _____	
结束工作	实验结束后，关闭电源，取出电导电极，用蒸馏水冲洗干净，并置于蒸馏水中保存待用。将叉形管及大试管中的溶液倒掉后，洗净放到气流烘干机上烘干待用		

五、实验结果

将所测定数据处理后填入表 6 - 5、表 6 - 6 中。

T_1：_____。

表 6 - 5　T_1 时实验数据

t/min	G_0/ms	G_∞/ms	G_t/ms	$G_0 - G_t$/ms	$G_t - G_\infty$/ms

T_2：_____。

表 6 - 6　T_2 时实验数据

t/min	G_0/ms	G_∞/ms	G_t/ms	$G_0 - G_t$/ms	$G_t - G_\infty$/ms

六、思考题

（1）为什么本实验要在恒温下进行？NaOH 和 $CH_3COOC_2H_5$ 溶液混合前为什么要预先恒温？

（2）各溶液在恒温及操作中为什么要用橡皮塞盖好？

（3）如何通过实验结果验证乙酸乙酯皂化反应为二级反应？

（4）在保证电导与离子浓度成正比的前提下，NaOH 与乙酸乙酯的浓度是高些好还是低些好？

七、检查与评价

学生完成本项目实验的学习后，通过自评、小组互评来检查自己对本任务学习的掌握情况。指导教师在整个教学过程中，关注每个小组的检测过程及小组成员的动手能力，并对小组成员动手能力进行评价，学生对所学的各项任务进行抽签决定考核的内容。将具体的检查与评价填入表6-7中。

表6-7　检查与评价

项目	评价标准	分值	学生自评	小组互评	教师评价
方案制定与准备	认真负责、一丝不苟地进行资料查阅，确定实验依据	10			
	协同合作制定方案并合理分工	5			
	相互沟通完成方案修改	5			
	正确清洗及检查仪器	10			
实验测定	正确进行仪器准备	10			
	准确测量，规范操作	10			
	数据记录正确、完整、美观	10			
	正确计算结果，按照要求进行数据修约	10			
	规范编制检测报告	10			
结束工作	结束后倒掉废液，清理台面，洗净用具并归位	5			
	关闭仪器电源，清洗玻璃器皿并归位	10			
	文明操作，合理分工，按时完成	5			

三、活化能

1. 认识概念

活化分子：比一般分子高出一定能量，一次碰撞就可以引起化学反应的分子。

活化能：活化分子的平均能量比反应物分子的平均能量的超出值。

表观活化能：对于非基元反应，E_a 实际上是组成该总反应的各基元反应活化能的特定组合，称为表观活化能。

2. 现象解释

某一化学反应 A ——→P，反应物 A 必须获得能量 E_a，变成活化状态 A* 后，跨越能垒变成产物 P。同理对于逆反应，P 必须获得 E_a' 的能量跨越能垒变成 A。基元反应的活化能可看作是分子进行反应时所需克服的能垒，活化能越大，反应的阻力越大，反应速率就越慢。对于指定反应，其活化能为定值，当温度升高时，活化分子的数目及其碰撞次数增多，因而反应速率加快。若 $E_a < E_a'$，则反应物的平均能量高于产物的平均能量，因此正反应是放热反应；若 $E_a > E_a'$，则正反应是吸热反应。活化能与反应的曲线关系如图6-6所示。

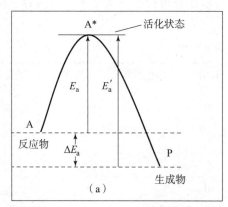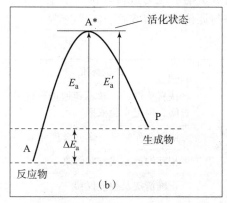

图6-6 活化能与反应的曲线关系

(a)放热反应；(b)吸热反应

3. 公式介绍

对于非基元反应，E_a 实际上是组成该总反应的各基元反应活化能的特定组合，称为表观活化能。

$$k = Ae^{-\frac{E_a}{RT}}$$

如反应

$$H_2 + I_2 \longrightarrow 2HI$$

基元反应为

$$I_2 \underset{k_{-1}}{\overset{k_1}{\rightleftharpoons}} 2I$$

$$2I + H_2 \overset{k_2}{\longrightarrow} 2HI$$

上面三个基元反应的活化能依次为 E_{a1}，E_{a-1}，E_{a2}，根据阿仑尼乌斯方程可推得反应的表观活化能 E_a 和各基元反应活化能之间的关系为

$$E_a = E_{a1} + E_{a2} - E_{a-1}$$

即表观活化能 E_a 等于各基元反应活化能的代数和。

 知识拓展

食品冷藏

食品冷藏是指将易腐食品先预冷，然后在略高于冰点的温度下储藏食品的保藏方法。冷藏可以延缓食品变质速度并保持其新鲜度。

新鲜食品的腐败变质是本身所含的多种酶类和来自外界的微生物所引起的一系列化学变化造成的。酶的催化作用和微生物的繁殖都需要适当的温度，若降低食品的温度，则两者的活性都将受到相应的抑制。

冷藏食品包括冷藏制品和冻藏制品。冷藏制品是指将食品原料、经过加工的食品或半成品在略高于冰点的温度下储藏，以保持其新鲜度和延缓变质速度。常见的冷藏制品包括

冷藏水果、蔬菜、肉类、禽类、乳品和水产等。而冻藏制品则是指将食品原料、经过加工的食品或半成品在 $-18\,℃$ 以下进行储藏，以达到长期保存食品的目的。

因此，食品冷藏是一种重要的食品保存方法，可以保持食品的新鲜度和延缓变质速度，但需要注意保存期的长短、食品的品质和新鲜度以及冷藏过程中的其他问题，确保食品安全和健康。

 素质拓展训练

一、选择题

物质 A 发生两个平行的一级反应，若 $E_{a1} > E_{a2}$，两反应的指前因子相近且与温度无关，则升温时，下列叙述中正确的是（　　）。

A. 对反应 1 有利

B. 对反应 2 有利

C. 对反应 1 和 2 影响程度等同

D. 无影响

二、判断题

（1）对同一反应，反应的起始温度越低，其速率系数对温度的变化越敏感。（　　）

（2）阿仑尼乌斯方程适用于一切化学反应。（　　）

（3）化学反应速率取决于活化能的大小，活化能越大，k 越小；活化能越小，k 越大。
（　　）

（4）温度升高，活化分子的数目增多，即活化分子碰撞数增多，反应速率加快。
（　　）

三、计算题

（1）某化学反应的速率常数在 298 K 时为 $1.0 \times 10^{-3}\ s^{-1}$，求温度升高到 373 K 时的速率常数。

（2）某反应 $B \longrightarrow Y$，在 $40\,℃$ 时，完成 20% 需要 15 min，在 $60\,℃$ 同样完成 20% 需要 3 min，计算该反应的活化能 E_a。（设初始浓度相同。）

任务四　催化作用

案例导入

某化工企业在生产过程中产生了大量的废气，其中包括苯、甲苯、二甲苯等有机废气。为了满足环保要求，该企业采用了催化燃烧处理技术对废气进行治理。废气通过催化燃烧床进行催化燃烧处理。在催化剂的作用下，废气中的有机物被氧化分解为无害的二氧化碳和水蒸气，从而达到净化废气的目的。

催化剂在反应过程中发生了什么变化?

催化过程是否会产生有害物质?

催化剂长时间使用后,为什么会失去催化活性?

一、催化作用及其特性

1. 认识概念

催化剂:能改变化学反应速率,而本身的数量和化学性质在反应前后并不改变的物质。

催化作用:催化剂改变反应速率的作用。

催化反应:有催化剂参与的反应。

2. 现象解释

在催化反应中,催化剂与反应物发生作用,改变了反应途径,从而降低了反应的活化能,这是催化剂得以提高反应速率的原因。例如,化学反应 $A + B \longrightarrow AB$,所需活化能为 E,加入催化剂 C 后,反应分两步进行,$A + C \longrightarrow AC$ 和 $AC + B \longrightarrow AB + C$,这两步所需活化能分别为 F 和 G,且 F,G 均小于 E,从而使反应速率显著提高。

3. 催化剂的特征

(1)催化剂参与反应,改变了反应历程,从而改变了反应活化能。反应过程中,催化剂的物理性质可能发生变化,但反应结束后,其化学性质和数量都不变。

(2)催化剂只能缩短达到平衡的时间,而不能改变平衡状态。催化剂对正向反应和逆向反应的速率都按相同的比例加速,即不能改变平衡常数。因此,在一定反应条件下,正反应的优良催化剂必然也是逆向反应的优良催化剂,这一规律在选择催化剂中得到应用。

(3)催化剂不改变反应热。因此,催化剂可以被用来在较低温度下测定反应热。许多非催化反应常需在高温下进行反应热测定,在有适当催化剂时,则可在接近常温下进行测定,这为测定反应热降低了难度。

(4)催化剂具有选择性。选择性是指当一个反应系统中同时可能存在几种反应时,催化剂的存在可以使其中某种反应的速率显著改变,而另外一些反应的速率改变很小,甚至不改变,从而使反应朝着需要的方向进行。

二、催化剂的活性及其影响因素

1. 认识概念

催化剂活性:指催化剂的催化能力,即在指定条件下,单位时间内单位质量(或单位体积)的催化剂能生成的产物量。

催化剂寿命:催化剂的活性稳定期称为催化剂的寿命。

催化剂重新活化:"衰老"的催化剂有时可以用再生的办法(如灼烧或化学处理)使之重新活化。

2. 现象解释

催化剂在活性稳定期间可能因接触少量杂质而使活性立刻下降，这种现象称为催化剂中毒。其中这些少量杂质叫作催化剂的毒物。如果消除中毒因素后活性仍能恢复，则为暂时性中毒；若不能恢复，则为永久性中毒。

3. 催化剂的组成

催化剂主要由主催化剂、助催化剂和载体三部分组成。主催化剂是使反应速率得到显著改善的主要活性组分。助催化剂是指本身没有催化活性或催化活性很小，但是能提高催化物质的活性、选择性或稳定性的组分。载体是指将催化剂分散在其表面上的比表面积很大的多孔性惰性物质，常用的载体有硅胶、氧化铝、浮石、石棉、活性炭、硅藻土等。

实验任务　流动法测定氧化锌的催化活性

一、实验目的

（1）测量不同温度下氧化锌对甲醇分解反应的催化活性。
（2）熟悉流动系统的特点和操作，掌握流动法测量氧化锌催化活性的实验方法。

二、实验依据

本实验研究的固体氧化锌对气相甲醇的反应为多相催化分解反应。甲醇的催化分解反应为

$$CH_3OH(g) \xrightarrow{ZnO(s)} CO(g) + 2H_2(g)$$

氧化锌由硝酸锌分解制得。实验前将它置于特定的温度下进行灼烧处理，使其处于活化状态，该过程称为催化剂的活化。催化剂的活性大小，表现在它对反应速率影响的程度。气、固多相催化反应实际上是在固体催化剂表面上进行的，催化剂的比表面积大小直接影响其活性，所以催化剂的活性是用单位表面积上的反应速率常数来表示。

本实验采用流动法来测定催化剂的活性。即让反应物保持稳定的流速，连续不断地进入反应器，在反应器内进行反应，离开反应器后，形成产物与反应物的混合物。通过分析产物，从而确定反应物的转化率。流动法便于自动控制，广泛应用于动力学实验。但其操作需要长时间地控制整个装置的实验条件（如温度、压强、流量等）稳定不变，对设备和技术有较高的要求。

由化学反应式可知，甲醇分解是一个增体积反应，催化剂的活性越大，则反应系统的体积增量也越大。本实验用 N_2 做载气，将甲醇蒸气以恒定的流速送入催化反应器，只要测量原料气（甲醇蒸气与载气 N_2）经过催化反应器及捕集器（其作用是将未分解掉的甲醇蒸气在反应器内冷凝成液体而除去）后的体积增量，便可计算催化剂活性的大小。

三、任务准备

1. 试剂

甲醇(AR)、Zn(NO₃)₂·6H₂O(CP)、活性氯化铝(5A 分子筛)、液体石蜡油(CP)。

2. 仪器

催化剂活性测定装置如图 6 − 7 所示。

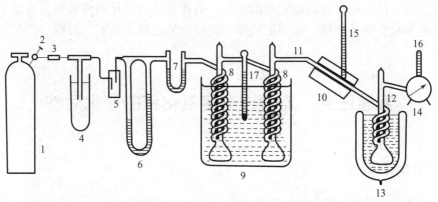

图 6 − 7　催化剂活性测定装置

1—氮气钢瓶；2—减压阀；3—针形阀；4—石蜡油稳压管；5—缓冲瓶；6—锐孔流量计；
7—干燥管；8—饱和器；9—恒温槽；10—管式电炉；11—反应管；12—捕集器；13—杜瓦瓶；
14—湿式流量计；15，16，17—温度计

四、实验过程

流动法测定氧化锌的催化活性实验过程如表 6 − 8 所示。

表 6 − 8　实验过程

任务	具体实施		要求
	实施步骤	实验记录	
氧化锌催化剂的制备	将 Zn(NO₃)₂·6H₂O 溶于水中，再将活性氧化铝（分子筛）放入此溶液中，Zn(NO₃)₂·6H₂O 与氧化铝的质量比为 1∶2.4。将溶液搅拌均匀，然后在红外烘箱中将水分蒸发，再置入马弗炉内，在 350 ℃ 下焙烧 2 h，得到白色颗粒状催化剂，取出后自然冷却备用。实验前必须将制得的催化剂在 350 ℃ 马弗炉内再活化 1 h（实验前预先制备好）	记录：温度 $T =$ _____ 称量 Zn(NO₃)₂·6H₂O 质量 $W_1 =$ _____ 称量氧化铝质量 $W_2 =$ _____	1. 系统必须不漏气。 2. N₂ 的流速在实验过程中需保持恒定。 3. 实验前需检查湿式流量计的水平和水位，并预先使其运转数圈，使水与气体饱和后才可进行计量

任务	具体实施		要求
	实施步骤	实验记录	
空白实验	取一支干燥的反应管，不装催化剂，置入管式炉内。调节恒温槽的温度为(40.0 ± 0.1)℃。将冰和食盐按质量比$3:1$混匀，制成冷却剂，装入杜瓦瓶中用来冷凝尾气中的甲醇蒸气。检查各个气路阀门是否关闭，打开各个乳胶连接管上的夹子。开启氮气钢瓶，通过减压阀减压至1.5×10^3 kPa。微开针形阀，调节石蜡油稳压管中T形管的高度，使锐孔流量计两侧的液面差控制在某一数值。必须保持有少量气泡从T形管底部稳定地逸出，调节载气的流量使湿式流量计稳定在$90 \sim 100$ mL/min 为宜。待气流稳定以后，开始计时，记录此时湿式流量计的读数，以后每隔 3 min 读一次流量，至 24 min 止	记录：流量 $V =$ _____	4. 在对比不同温度下 ZnO 的催化活性时，实验条件（如装样、催化剂在电炉中的位置）应尽量保持相同。 5. 甲醇对人体有毒，严重的可导致眼睛失明，实验时必须严格防止甲醇泄漏。此外，尾气中含 CO、H_2 以及少量甲醇蒸气，必须排放至室外或下水道中。 6. 实验结束后，需用夹子使饱和器不与反应管和干燥管相通，以免炉温下降时甲醇被倒吸进入反应管内
测定不同温度下 ZnO 的催化活性	1. 称取 5.0 g 催化剂。取一支烘干的反应管，在进口一端的挡板上填入少量玻璃纤维，倒入催化剂，转动反应管使催化剂装匀，再盖上一层玻璃纤维。 2. 用装好催化剂的反应管取代空白反应管。接通电炉电源，使电炉的温度稳定在(280 ± 5)℃。调节稳压管中T形管的高度，使锐孔流量计两侧液面差的数值与空白试验时完全一样，以确保氮气流量与空白试验时完全一致。在(280 ± 5)℃下炉温保持稳定 10 min 后，开始计时，记录此时湿式流量计的读数，每隔 3 min 读一次流量，至 24 min 止。 3. 将电炉温度升高并稳定在(320 ± 5)℃，按步骤 2 中的操作测定该温度下的数据	记录： $T_1 =$ _____ $V_1 =$ _____ $T_2 =$ _____ $V_2 =$ _____	
计算	1. 以 V 对 t 作图，将 $V-t$ 直线延长至 60 min，读取 60 min 时空白曲线相应的 $V_{空}$ 以及加入催化剂后各温度曲线的 $V_{催}$。 2. 计算不同反应温度时的甲醇分解率。 ①计算通入甲醇的物质的量。 计算 60 min 内通入甲醇的物质的量 $n_{甲醇,通入}$，即 $$n_{甲醇,通入} = \frac{p_{甲醇}}{p_{氮气}} \cdot n_{氮气} = \frac{p_{甲醇}}{p_{大气} - p_{甲醇}} \cdot \frac{p_{大气} V_{空}}{RT}$$ 式中　T——气体出口温度； 　　　$p_{大气}$——大气压强； 　　　$p_{甲醇}$——40 ℃时甲醇的饱和蒸气压； 　　　$p_{氮气}$——氮气的分压强； 　　　$V_{空}$——空白试验中 60 min 内通入氮气的体积； 　　　R——摩尔气体常数	计算： $n_{甲醇,通入} =$ _____ $n_{甲醇,分解} =$ _____ $\alpha_{分解} =$ _____	

任务	具体实施		要求
	实施步骤	实验记录	
计算	②计算分解甲醇的物质的量。 计算在不同温度下，60 min 内所分解的甲醇的物质的量 $n_{甲醇,分解}$，即 $$n_{甲醇,分解} = \frac{p_{大气} \cdot (V_催 - V_空)}{3RT}$$ 式中　$V_催$——通过湿式流量计的总体积，即气体 N_2，H_2 和 CO 的总体积。 ③计算甲醇的分解率。 计算在不同温度下，60 min 内甲醇的分解率 $\alpha_{分解}$，即 $$\alpha_{分解} = \frac{n_{甲醇,分解}}{n_{甲醇,通入}}$$		
结束工作	关闭氮气钢瓶总阀、减压阀、针形阀、电源，将调压变压器的电压降至零，并将各个乳胶连接管上的夹子锁紧		

五、实验结果

将所测定数据处理后填入表 6-9 中。

表 6-9　实验数据记录

60 min 内通入甲醇物质的量 $n_{甲醇,通入}$(mol)	60 min 内分解甲醇物质的量 $n_{甲醇,分解}$(mol)		60 min 内甲醇的分解率 $\alpha_{分解}$	
	280 ℃	320 ℃	280 ℃	320 ℃

六、思考题

（1）本实验为何要使用载气？选择载气的条件是什么？

（2）用饱和器是为了达到什么目的？为什么用两只饱和器比用一只好？

（3）为什么必须控制并稳定 N_2 的流量？在测定催化剂的活性时，如果 N_2 的流量稍低于空白实验，将对实验产生什么影响？

（4）在催化反应的实验中，分解掉的甲醇的量是怎样计算的？

七、检查与评价

学生完成本项目实验的学习后，通过自评、小组互评来检查自己对本任务学习的掌握情况。指导教师在整个教学过程中，关注每个小组的检测过程及小组成员的动手能力，并对小组成员动手能力进行评价，学生对所学的各项任务进行抽签决定考核的内容。将具体的检查与评价填入表6-10中。

表6-10　检查与评价

项目	评价标准	分值	学生自评	小组互评	教师评价
方案制定与准备	认真负责、一丝不苟地进行资料查阅，确定实验依据	10			
	协同合作制定方案并合理分工	5			
	相互沟通完成方案修改	5			
	正确清洗及检查仪器	10			
实验测定	正确进行仪器准备	10			
	准确测量，规范操作	10			
	数据记录正确、完整、美观	10			
	正确计算结果，按照要求进行数据修约	10			
	规范编制检测报告	10			
结束工作	结束后倒掉废液，清理台面，洗净用具并归位	5			
	关闭仪器电源，清洗玻璃器皿并归位	10			
	文明操作，合理分工，按时完成	5			

 知识拓展

催化剂的诞生

催化剂的概念起源于19世纪。当时著名的瑞典化学家贝采里乌斯致力于科研与教学工作。他在56岁时，也就是1835年，迎娶了一位年仅24岁的新娘，婚后他仍专注于科研。在一次为妻子举办的生日宴会上，发生了一件趣事。贝采里乌斯由于忙于实验，忘记了妻子的生日。当他被妻子从实验室叫回家参加宴会时，一屋子的客人举杯，他顾不上洗手就拿起一杯果酒喝。随后，当他再次斟满第二杯酒坐下吃饭时，他注意到酒的味道似乎有些不对劲，带有酸味，就像醋一样。他的妻子和其他客人都对此感到惊讶，因为酒应该是醇香的。当贝采里乌斯将杯子递给妻子时，她尝了一口立即吐了出来，确认酒已经变酸。客人们纷纷围过来查看这个杯子，想知道到底发生了什么。最后，大家发现贝采里乌斯的杯子里有少许黑色粉末。原来，这些粉末是他手上沾的化学试剂。这次意外让大家都感到困惑，也启发了贝采里乌斯对化学反应中催化剂作用的思考。他后来深入研究了这些化学试剂，为催化剂概念的提出奠定了基础。

贝采里乌斯在生日宴会上的意外发现让他对手上沾的黑色粉末产生了浓厚的兴趣。这种粉末导致酒变酸，引发了他关于化学反应机制的深入思考。他首先怀疑粉末可能与铂有关，因为当天他在实验中使用了铂，根据伏打电堆原理，铂和金属杯之间可能形成了原电池，加速了某种金属反应，生成了金属离子和酸。然而，贝采里乌斯很快排除了这种可能性。他注意到家中用于宴会的餐具是银制的，虽然银的活泼性没有铂高，但他从未听说过银和铂能形成原电池并产生电。为了验证这一点，他将铂和银相连，结果并没有出现预期的伏打电堆效果。因此，他得出结论，酒变酸与酒杯无关。接下来，贝采里乌斯开始考虑酒本身。他回想起别人的专利中提到铂金能促进二氧化硫生成三氧化硫。他推测，这种铂金是否也能让酒变成醋呢？为了验证这一假设，他进行了实验，结果证实了他的猜想。然而，他发现铂金在反应前后并没有发生任何变化，既没有被氧化增重，也没有形成可溶物进入酒中。同样，他重复了专利实验，结果也是一致的：铂金在反应中始终保持不变。这一发现让贝采里乌斯兴奋不已。他意识到，铂金在这里起到了一种特殊的作用，即催化物质氧化。于是，在1836年，他在《物理学与化学年鉴》上发表了论文，首次提出了催化与催化剂的概念。这一概念的提出，为后来的化学研究开辟了新的领域，对化学反应的理解和应用产生了深远的影响。

 素质拓展训练

一、选择题

(1) 下列叙述中正确的是(　　)。

A. 一定温度下，反应的活化能越小，反应速率常数越小

B. 反应前后，催化剂本身的质量、化学性质和物理性质均保持不变

C. 对于一定反应，其活化能为定值，温度升高，会使反应速率常数增大

D. 催化剂能改变化学平衡和缩短达到化学平衡的时间

(2) 下列关于催化剂的说法中不正确的是(　　)。

A. 催化剂能改变反应途径，降低反应活化能

B. 催化剂不能改变反应平衡常数

C. 催化剂不影响反应体系的标准自由能变化

D. 催化剂不参与化学反应与最终产物

二、判断题

(1) 催化剂只能加快反应速率，不能改变化学反应的标准平衡常数。　　　　(　　)

(2) 催化剂存在时，$k_{正}$ 的增加倍数大于 $k_{逆}$。　　　　　　　　　　　(　　)

(3) 载体的最重要功能是分散活性组分，使活性组分保持大的表面积。　　(　　)

(4) 加速反应但不参加反应者不是催化剂。　　　　　　　　　　　　　　(　　)

三、简答题

(1) 催化剂的共同特征是什么？

(2) 什么是催化剂中毒？

项目七 电化学

◎ **知识目标**

1. 掌握法拉第定律。
2. 明确电导率、摩尔电导率与浓度的关系。
3. 知道离子独立运动定律。
4. 掌握能斯特方程。

◎ **技能目标**

1. 能够根据离子独立运动定律计算弱电解质的无限稀释摩尔电导率。
2. 能够通过电导测量弱酸解离系数。
3. 会书写电池图示。

◎ **素质目标**

1. 培养学生节能减排、开发新能源的意识。
2. 增强学生为实现中国梦而不断奋斗的意识。

电化学主要是研究电能和化学能之间互相转化以及转化过程中相关规律的科学。能量的转变需要一定的条件(即要提供一定的装置和介质)。例如，化学能转变成电能必须通过原电池来完成，电能转变成化学能则需要借助于电解池来完成。无论是原电池还是电解池，都需要知道电极和相应的电解质溶液中所发生的变化及其机理。电化学装置如图 7-1 所示。

电解质溶液

（a）　　　　　（b）

图 7-1　电化学装置
(a)原电池；(b)电解池

电化学无论在理论上还是在实际应用上都有十分丰富的内涵，在本项目中仅对以下几个方向作简要的概述：（1）电解质溶液理论（如离子互吸、离子水合、离子缔合、电导理论、解离平衡等）；（2）电化学平衡（如可逆电池、电极电势、电动势以及可逆电池电动势与热力学函数之间的关系等）；（3）电极过程动力学（例如，从动力学的角度阐明电极上所发生的反应）；（4）实用电化学。电化学的内容相当广泛，并且已形成一支独立的学科，本项目主要讨论电化学中的一些基本原理和共同规律。

任务一　电化学基本概念

案例导入

法国人将铅酸电池作为动力电池制造出世界上第一台可行驶的电动车，距今已有100多年的时间了。但真正意义上的现代动力电池还是从锂电池的大规模应用开始。1997年，日本企业将原本用于电子产品的锂电池装载到汽车上，制造出了世界上第一台锂电池动力汽车。

经过20多年的发展，特别是近几年，锂电池在材料、配方、结构等方面加速发展，高压、硅基、高镍、掺锰、去钴、半固态、低温控制、快充等技术层出不穷，刀片电池、麒麟电池、弹匣电池、龙鳞甲电池、4 680大圆柱电池等密集面世，单体能量密度从最初的不到100 W·h/kg增加到200 W·h/kg以上，宁德时代通过高镍NCM技术、掺硅补锂技术、CTP成组技术，已实现能量密度265 W·h/kg的突破，上百万米的行驶里程也不再遥不可及。

一、电解质溶液

1. 认识概念

导体：能够导电的物质称为导体。

原电池与电解池

导体的分类：根据参与导电的带电微粒的不同可对导体进行分类，采用电子导电的称为第一类导体，主要是金属；采用离子导电的称为第二类导体，包括电解质溶液、熔融电解质或固体电解质。

电化学装置中的电极通常是第一类导体，而电解质溶液是第二类导体。

2. 实验现象

图7-2所示是一个电解池，由与外电源相连接的两个铂电极插入HCl溶液中构成。

在外加电压达到一定数值之前，基本上看不到有电流流经电解池。此时，在外加电场作用下，外电路和电极可以通过电子的定向移动而导电；在溶液中，H^+向电势较低的负极迁移，Cl^-向电势较高的正极迁移，借助离子的迁移电解质溶液也可以导电。因此，可以断定电流之所以不能通过电解池，是因为在电极/溶液界面处电路不连续。

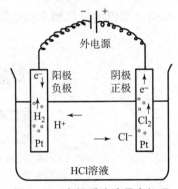

图7-2　电解质溶液导电机理

但在外加电压达到一定数值后，流经电解池的电流开始明显增加，此时可以观察在两个电极上有气泡析出，此时在负极上H^+就会与电极上的电子结合，发生还原作用而放出氢气。

$$2H^+ + 2e^- \longrightarrow H_2$$

在正极上 Cl^- 向电极放出电子，发生氧化作用而形成氯气。

$$2Cl^- \longrightarrow Cl_2 + 2e^-$$

其效果就好像在负极有电子进入了溶液，而正极得到了从溶液中跑出来的电子。电极上发生电化学氧化还原反应，使电极/溶液界面的电流得以连续。

3. 解释实验现象

电解质溶液的导电机理应该包括两个方面。

（1）电流通过溶液是由阴阳离子的定向迁移来实现的。

（2）电流在电极/溶液界面的传输是由电极发生氧化还原反应导致电子得失来实现的。

二、法拉第定律

既然电解质溶液导电必须以发生电化学反应为前提，那么通过电解池的电量与发生电化学反应的物质的量必然存在某种对应关系。

1. 认识定律

1833 年，法拉第（Faraday）在研究电解作用时指出："当电流通过电解质溶液时，通过电极的电量与发生电极反应的物质的量成正比。"这就是法拉第定律。

2. 定律解释

1 mol 电子的电量是 96 485 C，称为一法拉第，以 F 表示，通常取值为 96.5 kC·mol^{-1}。如果通过电化学装置的电量为 Q，则通过该装置阴阳极的电子的物质的量均为 Q/F，如果发生反应的物质得失电子数为 Z，则发生反应的物质的量 n 符合下述法拉第定律的数学表达式：

$$Q/ZF = n, \quad Q = nZF \tag{7-1}$$

式（7-1）显示，通过测量电极上析出或溶解的物质的量可以测量电路中通过的电量，测量装置称为电量计或库仑计，常用的有铜电量计、银电量计和气体电量计等。

3. 理论应用

【实战演练 7-1】 在 $CuCl_2$ 电镀溶液中，以 20.00 A 电流电镀 30.00 min。试求阴极能析出多少克 Cu。

解：$I = 20.00$ A，$t = 30.00$ min $= 1$ 800.00 s，$M(Cu) = 63.55$ g/mol

将 $n_B = m_B/M_B$，$Q = It$ 代入 $Q = Zn_BF$，

$$m(Cu) = \frac{ItM_{Cu}}{ZF} = \frac{20.00 \times 1\ 800.00 \times 63.55}{2 \times 96\ 500} = 11.85 \text{ g}$$

即阴极上能析出 11.85 g 铜。

三、电导和电导率

通过溶液的电流强度 I 与溶液电阻 R 和外加电压 U 服从欧姆定律 $R = U/I$；而溶液的电阻率 ρ 可根据 $\rho = R(A/l)$ 计算。通过测量电阻 R 和电阻率 ρ，即可评价电解质溶液的导电能力，l 为两电极间的距离，A 取浸入

电导和电导率

溶液的电极面积。习惯上多用电导 G 和电导率 κ 来表示溶液的导电能力。

1. 认识概念

电导：电解质溶液的导电能力，常用电阻的倒数表示，符号为 G，其单位为 S（西门子，简称西），$1\ S = 1\ \Omega^{-1}$。

$$G = 1/R \tag{7-2}$$

电导率：如果导体的截面是均匀的，则导体的电导与其截面积成正比，与其长度呈反比，符号为 κ，其单位为 $S \cdot m^{-1}$。

$$\kappa = G\left(\frac{l}{A}\right) \tag{7-3}$$

注意：电导率就是长度为 1 m，截面积为 1 m^2 的导体的电导。对电解质溶液而言，电导率是指面积分别为 1 m^2，电极间距离为 1 m 的两个平行电极之间的电解质溶液所具有的电导。

2. 电导率的影响因素

影响溶液电导率的因素可能有哪些？显然，温度、浓度等均可能影响溶液的电导率。几种不同的强、弱电解质电导率随浓度和温度的变化关系如图 7 - 3 所示。

图 7 - 3（a）显示，对于强电解质，浓度在达到 5 $mol \cdot dm^{-3}$ 之前，κ 随浓度的增加而增大，似乎成正比关系，即 $\kappa \propto c$。这与浓度增加导致单位体积溶液中参与导电的离子数目增加有关。但当浓度大于 5 $mol \cdot dm^{-3}$ 后，κ 反而随浓度的增加而减小。这与高浓度时阴、阳离子间作用力增强，甚至形成不参与导电的离子对等有关。对弱电解质来说，电导率虽然也随浓度而改变，但变化并不显著。这是因为浓度增加时虽然单位体积溶液中电解质的分子数增加了，但电离度却随之减小，致使离子数目增加不显著。图 7 - 3（b）显示，电解质溶液的电导率随温度的升高而增加，这与金属的变化规律明显不同。

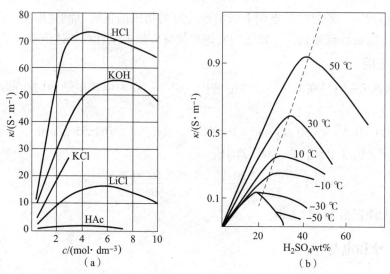

图 7 - 3　电解质溶液的电导率随浓度和温度的变化

（a）电解质溶液的电导率随浓度的变化；（b）电解质溶液的电导率随温度的变化

四、摩尔电导率和极限摩尔电导率

1. 提出问题

电解质溶液的电导率与浓度有关，这给比较不同浓度电解质的导电能力带来一定的困难。能否找到一个与浓度无关的物理量用以比较呢？

2. 现象解释

从图 7-3(a)可以看出，当浓度小于 5 mol·dm^{-3}时，电解质溶液的 κ 与浓度 c 几乎成正比关系($\kappa \propto c$)，如果引入比例系数 Λ_m，可表示为

$$\kappa = \Lambda_m c \text{ 或 } \Lambda_m = \frac{\kappa}{c} \tag{7-4}$$

式中，比例系数 Λ_m 的单位是 S·m^2·mol^{-1}，相当于相距 1 m 的两个平行板电极之间充入含 1 mol 电解质时溶液所具有的电导，故称为摩尔电导率。

3. 认识概念

摩尔电导率：在相距 1 m 的两个平行电极之间，放置含有 1 mol 某电解质的溶液，此时溶液的电导，称为该电解质溶液的摩尔电导率。符号为 Λ_m，单位为 S·m^2·mol^{-1}。

4. 理论应用

如果 κ 与浓度 c 成正比，则 Λ_m 就应与电解质溶液的浓度无关，用于比较就更方便。图 7-4 给出了一些电解质的摩尔电导率与溶液浓度的关系。

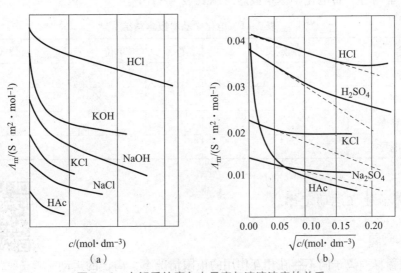

图 7-4 电解质的摩尔电导率与溶液浓度的关系

(a)电解质的摩尔电导率与溶液浓度的关系；(b)电解质的摩尔电导率与溶液浓度的平方根的关系

与电导率不同，无论是强电解质还是弱电解质，其 Λ_m 均随浓度的增加而下降。根据 Λ_m 的定义，在稀释过程中两电极之间的电解质为 1 mol，由于溶液体积增大导致离子间距的增加和作用力的减小就使得离子的导电能力增强。

科尔劳施(Kohlrausch)在分析相关数据时发现 Λ_m-c 的关系近似平方曲线，为得到线性

关系，他以 Λ_m 对 $\sqrt{c}$ 作图得到图 7-4(b)，发现在低浓度时强电解质的 Λ_m 与 $\sqrt{c}$ 的关系可表示为

$$\Lambda_m = \Lambda_m^\infty - \beta\sqrt{c} \qquad (7-5)$$

式(7-5)称为科尔劳施经验公式。其中，β 为实验常数；Λ_m^∞ 是将直线外推至 $c=0$（即无限稀释）所得的截距，实际上是离子间不存在相互作用，离子电导达到最大时的电导率，故称无限稀释的物质的量电导率或极限摩尔电导率。

注意：Λ_m^∞ 并不是纯溶剂的 Λ_m。作为 $c=0$ 的极限值，Λ_m^∞ 与浓度无关，是表征电解质溶液导电能力的重要物理量。对强电解质，其 Λ_m^∞ 可将低浓度时 $\Lambda_m - \sqrt{c}$ 的直线段外推至 $c=0$ 而获得；但对弱电解质，由于 Λ_m 与 $\sqrt{c}$ 在浓度很低时不存在线性关系，因此无法外推得到其 Λ_m^∞。

【实战演练7-2】 有一电导池，电极面积为 2×10^{-4} m²，两极之间的距离为 0.10 m，电解质溶液为 MA 的水溶液，浓度为 30 mol/m³，电极间电势差为 3 V，电流强度为 3 mA。试求该电解质溶液的摩尔电导率。

解：
$$\kappa = G\frac{l}{A}$$

$$\kappa = \frac{1}{R}\cdot\frac{l}{A} = \frac{I}{U}\cdot\frac{l}{A} = \frac{0.003\times0.10}{3\times2\times10^{-4}} = 0.5\ \text{S}\cdot\text{m}^{-1}$$

$$\Lambda_m = \frac{\kappa}{c} = \frac{0.5}{30} = 1.67\times10^{-2}\ \text{S}\cdot\text{m}^2\cdot\text{mol}^{-1}$$

根据所学内容，将电化学基本概念总结到表 7-1 中。

表 7-1 电化学基本概念总结

概念	定义	符号	单位	公式
电导				
电导率				
摩尔电导率				
极限摩尔电导率				

五、离子独立运动定律

1. 提出问题

在无限稀释、离子间不存在相互作用的极限情况下，离子的运动是否彼此独立并对电解质的电导做出独立贡献呢？

离子独立运动定律

2. 现象解释

科尔劳施对一些实验数据组进行分析，以期得出相关结论。研究表明虽然阴离子不同，但两组溶液 Λ_m^∞ 的差值基本不变，即该差值仅由 K^+、Na^+ 决定，而与阴离子的种类无关。科尔劳施据此认为，在无限稀释时，所有电解质全部电离，而且离子间一切相互作用均可忽略，因此，离子在一定电场作用下的迁移速率只取决于该种离子的本性，与共存的

其他离子的性质无关。该定律后来被称为科尔劳施离子独立运动定律。

3. 定律应用

由于无限稀释时离子的导电能力仅取决于离子本性，在一定溶剂和一定温度条件下，任一离子的极限摩尔电导率 Λ_m^∞ 均为定值。那么，在无限稀释时，电解质的 Λ_m^∞ 就应是正负离子 Λ_m^∞ 的简单加和。对于电解质 $M_{\nu_+}A_{\nu_-}$，应有

$$\Lambda_m^\infty = \nu_+ \Lambda_{m,+}^\infty + \nu_- \Lambda_{m,-}^\infty \tag{7-6}$$

由于弱电解质在无限稀释时是完全电离的，根据离子独立运动定律：

$$
\begin{aligned}
\Lambda_m^\infty(HAc) &= \Lambda_m^\infty(H^+) + \Lambda_m^\infty(Ac^-) \\
&= \Lambda_m^\infty(H^+) + \Lambda_m^\infty(Cl^-) + \Lambda_m^\infty(Na^+) + \Lambda_m^\infty(Ac^-) - \Lambda_m^\infty(Na^+) - \Lambda_m^\infty(Cl^-) \\
&= \Lambda_m^\infty(HCl) + \Lambda_m^\infty(NaAc) - \Lambda_m^\infty(NaCl)
\end{aligned}
$$

由于 HCl，NaAc，NaCl 均是强电解质，其 Λ_m^∞ 均可通过实验测量，这就给我们提供了一种计算弱电解质 Λ_m^∞ 的方法。当然，若能直接确定各种离子的 Λ_m^∞，则计算 Λ_m^∞ 将变得更加方便。

【实战演练 7-3】 已知在 298.15 K 时，NH_4Cl，NaOH 和 NaCl 的极限摩尔电导率分别为 0.014 99 $S \cdot m^2 \cdot mol^{-1}$，0.024 87 $S \cdot m^2 \cdot mol^{-1}$ 和 0.012 65 $S \cdot m^2 \cdot mol^{-1}$，试计算 $NH_3 \cdot H_2O$ 的极限摩尔电导率。

解：
$$
\begin{aligned}
\Lambda_m^\infty(NH_3 \cdot H_2O) &= \Lambda_{m,+}^\infty(NH_4Cl) + \Lambda_{m,-}^\infty(NaOH) - \Lambda_m^\infty(NaCl) \\
&= 0.014\ 99 + 0.024\ 87 - 0.012\ 65 \\
&= 0.027\ 21\ S \cdot m^2 \cdot mol^{-1}
\end{aligned}
$$

 素质拓展训练

选择题

(1) 科尔劳施定律 $\Lambda_m = \Lambda_m^\infty - \beta\sqrt{c}$ 适用于（　　）。

A. 弱电解质　　　　　　　　　B. 强电解质

C. 无限稀释溶液　　　　　　　D. 强电解质稀溶液

(2) 298 K 时，KNO_3 水溶液的浓度由 1 $mol \cdot dm^{-3}$ 增大到 2 $mol \cdot dm^{-3}$，其摩尔电导率 Λ_m 将（　　）。

A. 增大　　　　　B. 减小　　　　　C. 不变　　　　　D. 不确定

(3) 电解质分为强电解质和弱电解质，二者的区别在于（　　）。

A. 电解质为离子晶体和非离子晶体　　B. 全解离和非全解离

C. 溶剂为水和非水　　　　　　　　　D. 离子间作用强和弱

(4) 电解质溶液的导电能力（　　）。

A. 随温度升高而减小

B. 随温度升高而增大

C. 与温度无关

D. 因电解质溶液种类而不同，有的随温度升高而减小，有的随温度升高而增大

(5) 已知 298 K 下，$1/2CuSO_4$，$CuCl_2$，NaCl 的极限摩尔电导率 Λ_m^∞ 分别为 a，b，c（单位为 $S \cdot m^2 \cdot mol^{-1}$），那么 $\Lambda_m^\infty(Na_2SO_4)$ 为（　　）。

A. $c + a - b$ B. $2a - b + 2c$ C. $2c - 2a + b$ D. $2a - b + c$

（6）用同一电导池测定浓度为 $0.01\ mol \cdot dm^{-3}$ 和 $0.10\ mol \cdot dm^{-3}$ 的同一电解质溶液的电阻，前者是后者的 10 倍，则两种浓度溶液的摩尔电导率之比为（　　　）。

A. $1 : 1$ B. $2 : 1$ C. $5 : 1$ D. $10 : 1$

任务二　电导测定的应用

电导测定的应用

案例导入

　　电导法测量原理简单、仪器价格低廉、灵敏度高，可以建立电导率、摩尔电导率与溶液浓度的关系，因此在科学研究和生产、生活中有广泛应用，比如，评估水质纯度。水是生存之本、文明之源。习近平总书记高度重视水资源的保护利用，党的二十大报告提出"统筹水资源、水环境、水生态治理，推动重要江河湖库生态保护治理，基本消除城市黑臭水体"。电导率是评估水纯度的重要手段之一。纯净水的电导率非常低，因为它几乎不含任何离子。相反，含有较多离子的水（如海水、盐水或受到污染的水）具有较高的电导率。通过测量电导率，可以对水质的纯度有一个大致的了解。

一、测量弱电解质的电离度及电离常数

1. 实验依据

　　对弱电解质来说，无限稀释时的摩尔电导率 Λ_m^∞ 反映的是该电解质全部电离且离子间没有相互作用时的导电能力，而一定浓度下的 Λ_m 反映的是部分电离且离子间存在一定相互作用时的导电能力。如果一弱电解质的电离度比较小，电离产生出的离子浓度较低，离子间作用力可以忽略，那么 Λ_m 与 Λ_m^∞ 的差别就可归因于部分电离与全部电离所产生的离子数目的不同，所以弱电解质的电离度 α 可表示为

$$\alpha = \frac{\Lambda_m}{\Lambda_m^\infty} \tag{7-7}$$

式中　Λ_m——摩尔电导率，单位为 $S \cdot m^2 \cdot mol^{-1}$；

　　　　Λ_m^∞——溶液无限稀释时的摩尔电导率，单位为 $S \cdot m^2 \cdot mol^{-1}$。

　　这种测量电解质电离度的方法最早是由阿伦尼乌斯提出建立的。对于浓度为 c 的 $1-1$ 价型或 $2-2$ 价型电解质，容易证明其电离平衡常数

$$K_c = \frac{c\alpha^2}{1 - \alpha}$$

代入（7-7）式后整理可得

$$K_c = \frac{c\Lambda_m^2}{\Lambda_m^\infty(\Lambda_m^\infty - \Lambda_m)} \tag{7-8}$$

　　式（7-8）称为奥斯特瓦尔德稀释定律。实验证明，弱电解质的电离度 α 越小，式（7-8）越精确。

【实战演练 7 − 4】 25 ℃时测得浓度为 0.100 0 mol · dm^{-3} 的 HAc 溶液的 Λ_m 为 5.201 × 10^{-4} S · m^2 · mol^{-1}，求 HAc 在该浓度下的电离度 α 及其电离平衡常数 K_c。

解：查表得 25 ℃时 HAc 的 Λ_m^∞ 为 0.039 071 S · m^2 · mol^{-1}，因此

$$\alpha = \Lambda_m / \Lambda_m^\infty = 5.201 \times 10^{-4} / 0.039\ 701 = 0.013\ 10$$

$$K_c = \frac{c\alpha^2}{1-\alpha} = \frac{0.100\ 0 \times (0.013\ 10)^2}{1 - 0.013\ 10} = 1.739 \times 10^{-5}\ mol \cdot dm^{-3}$$

2. 实验过程

电导法测量醋酸解离常数的实验过程如表 7 − 2 所示。

表 7 − 2　实验过程

实验名称	电导法测量醋酸的解离常数		
实验试剂	0.1 mol · L^{-1} HAc 溶液		
实验仪器	电导率仪（带铂电极）1 台；恒温水浴锅 1 台；移液管 10 mL，25 mL，50 mL 各一支；洗耳球 1 个；容量瓶 100 mL 3 个；烧杯 100 mL 3 个		
任务	具体实施		要求
	实施步骤	实验记录	
实验准备	调节恒温水浴锅温度在（25.0 ± 0.1）℃。预热电导仪并进行调节和校准	水浴温度 $T = $ _____	电极不使用时，应浸在蒸馏水中，以免铂黑干燥后吸附杂质影响测定
配制三种不同浓度的 HAc 溶液	分别用 3 支移液管吸取 0.100 0 mol/L 的 HAc 溶液于 3 个 100 mL 容量瓶中，稀释，定容 10 mL、25 mL、50 mL 至刻度线	$c_1 = $ _____ $c_2 = $ _____ $c_3 = $ _____	
测量电导率	分别将稀释后的 HAc 溶液倒入三个烧杯中，放置在恒温水浴锅中预热 10 min，从稀到浓进行测量。电导仪使用方法如下。按下校准。选择量程：旋到 2 S · cm^{-1}。旋转温度旋钮：旋到 25 ℃。调节常数：旋到与电极标签相同。按回到测量。开始测试 注：显示屏采用大屏幕、LCD 段码显示；多功能电极架具有手动、自动温度补偿功能。	$\kappa_1 = $ _____ $\kappa_2 = $ _____ $\kappa_3 = $ _____	1. 电极使用前，一定要用蒸馏水和待测溶液冲洗，测量时按照由稀到浓顺序测量，且电极润洗至少三次。2. 测量时铂电极要完全浸没在溶液中，液面应高于电极 1 ~ 2 cm。3. 实验中温度要恒定

任务	具体实施		要求
	实施步骤	实验记录	
结束工作	实验结束，将电极清洗干净，浸泡在蒸馏水中。 关闭水源和电源总闸	1. 实验室安全操作。 2. 团队工作总结	

3. 数据处理

实验数据结果及处理填入表7-3，表7-4中。

表7-3　蒸馏水电导率的测定

测定次数	电导率 $\kappa/(S \cdot m^{-1})$	$\overline{\kappa}/(S \cdot m^{-1})$
1		
2		
3		

表7-4　不同浓度 HAc 溶液的 κ、Λ_m、α 和 $K^{\ominus}$

HAc 浓度 $c/$ $(mol \cdot L^{-1})$	测定次数	HAc 溶液电导率 $\kappa_{溶液}/(S \cdot m^{-1})$	HAc 的电导率 $\kappa_{醋酸}/(S \cdot m^{-1})$	HAc 的摩尔电导率 $\Lambda_m/(S \cdot m^2 \cdot mol^{-1})$	电离度 α	电离常数 $K^{\ominus}$
0.100 0	1					
	2					
0.050 0	1					
	2					
0.025 0	1					
	2					

注：$\kappa_{醋酸} = \kappa_{溶液} - \kappa_{蒸馏水}$。

4. 检查与评价

学生完成本项目实验的学习后，通过自评、小组互评来检查自己对本任务学习的掌握情况。指导教师在整个教学过程中，关注每个小组的检测过程及小组成员的动手能力，并对小组成员动手能力进行评价，学生对所学的各项任务进行抽签决定考核的内容。将具体的检查与评价填入表7-5中。

表7-5　检查与评价

项目	评价标准	分值	学生自评	小组互评	教师评价
方案制定与准备	认真负责、一丝不苟地进行资料查阅，确定实验依据	10			
	协同合作制定方案并合理分工	5			
	相互沟通完成方案修改	5			
	正确清洗及检查仪器	10			

项目	评价标准	分值	学生自评	小组互评	教师评价
实验测定	正确进行仪器准备	10			
	准确测量，规范操作	10			
	数据记录正确、完整、美观	10			
	正确计算结果，按照要求进行数据修约	10			
	规范编制检测报告	10			
结束工作	结束后倒掉废液，清理台面，洗净用具并归位	5			
	关闭仪器电源，清洗玻璃器皿并归位	10			
	文明操作，合理分工，按时完成	5			

二、计算微溶化合物的溶解度和溶度积常数

$BaSO_4$，$AgCl$，$Mg(OH)_2$ 等微溶性化合物的溶解度很小，采用通常的方法很难直接测量。利用电导法测量的基本原理是用已知电导率为 $\kappa(H_2O)$ 的高纯水，配制待测微溶性化合物的饱和溶液，然后测定此溶液的电导率 κ，即可通过

$$\kappa(\text{盐}) = \kappa - \kappa(H_2O) \tag{7-9}$$

求出盐溶液的电导率 $\kappa(\text{盐})$。由于微溶性化合物的溶解度很小，溶于水的部分完全电离，所以其饱和溶液的摩尔电导率可认为是 $\Lambda_m^\infty(\text{盐})$，则根据(7-4)式就可算出该饱和溶液的浓度，即

$$c = \frac{\kappa(\text{盐})}{\Lambda_m^\infty(\text{盐})}$$

【实战演练 7-5】 25 ℃时，测出 AgCl 饱和溶液及配制此溶液的高纯水的电导率 κ 分别为 3.41×10^{-4} S·m^{-1} 和 1.60×10^{-4} S·m^{-1}，试求 AgCl 在 25 ℃时的溶解度和溶度积 K_{sp}。

解： $\kappa(AgCl) = \kappa - \kappa(H_2O) = (3.41 - 1.60) \times 10^{-4} = 1.81 \times 10^{-4}$ S·m^{-1}

查表得 $\Lambda_m^\infty(AgCl) = 0.01383$ S·m^2·mol^{-1}，所以 AgCl 饱和溶液的浓度

$c = \kappa(AgCl)/\Lambda_m^\infty(AgCl) = 1.81 \times 10^{-4}/0.01383 = 0.0131$ mol·m^{-3}

$= 1.31 \times 10^{-5}$ mol·dm^{-3}

习惯上溶解度也常以 s 表示，以 g·dm^{-3} 为单位。

AgCl 的摩尔质量 $M = 143.4$ g·mol^{-1}

$$s = Mc = 143.4 \times 1.31 \times 10^{-5} = 1.88 \times 10^{-3} \text{ g·dm}^{-3}$$

AgCl 的溶度积

$$K_{sp} = c(Ag^+) \cdot c(Cl^-) = c^2 = (1.31 \times 10^{-5})^2 = 1.72 \times 10^{-10} \text{ mol}^2 \cdot \text{dm}^{-6}$$

三、测量水的纯度

25 ℃时，纯水由于部分电离形成的 H^+ 和 OH^- 而具有微弱的导电性。如果将已电离的水作为强电解质(其浓度约为 10^{-7} mol·dm^{-3})，而将未电离的水作为溶剂，就构成了强电解质的无限稀释的溶液，其摩尔电导率可用 Λ_m^{∞} 表示。纯水的电导率为 5.478×10^{-6} S·m^{-1}。而通常我们所见到的水由于溶有一定数量的离子性杂质，其电导率往往远高于该值。常见水的电导率如表 7-6 所示。

表 7-6　常见水的电导率

水的种类	自来水	蒸馏水	去离子水	纯水
电导率 κ/(S·m^{-1})	1×10^{-2}	$\sim 1 \times 10^{-3}$	$< 1 \times 10^{-4}$	5.478×10^{-6}

由于溶有矿物质或空气中二氧化碳的溶解和电离，常见水的电导率往往较纯水大得多。虽然采用其他仪器方法也可以分析水中微量的离子性杂质，但测量通常十分繁琐和困难，而采用电导法并利用标准曲线却可以方便地测量离子性杂质的含量，因此使用十分广泛。例如，超大规模集成电路清洗过程中用到 HCl，$NH_3 \cdot H_2O$ 等电解质，之后需要用大量的超纯水进行冲洗，通常就是采用电导率仪来检测冲洗的效果。

四、电导率的影响

（1）离子浓度。相同条件下离子浓度大的导电能力强。

（2）离子所带的电荷数。离子电荷越高，导电能力越强。

（3）电解质强弱。相同条件下，强电解质溶液的导电性大于弱电解质溶液的导电性。溶液的导电能力弱，不能说明电解质的电离程度小，即使是强电解质的水溶液，如果其中离子浓度很小，导电能力也很弱的。

（4）溶液的温度。温度越高，导电能力越强。

（5）电解质的类型。相同条件下，电解质的类型不同，导电能力也不同。例如，相同温度下，同浓度的 $CaCl_2$ 和 NaCl 溶液的导电能力不同。

 素质拓展训练

25 ℃时，将浓度为 15.81 mol·m^{-3} 的醋酸注入电导池，测得电阻为 655 Ω。已知电导池常数 $K = 13.7$ m^{-1}，$\Lambda_m^{\infty}(H^+) = 349.82 \times 10^{-4}$ S·m^2·mol^{-1}，$\Lambda_m^{\infty}(Ac^-) = 40.9 \times 10^{-4}$ S·m^2·mol^{-1}，求给定条件下醋酸的电离度和电离常数。

 知识拓展

电导率的应用

（1）检测水中盐分含量。电导率可用于检测水中盐分含量。盐分(主要是氯化钠)在水中解离会产生大量的钠离子和氯离子，这些离子会显著提高水的电导率。因此，通过测量电导率，可以大致估算出水中的盐分含量，这对于海水淡化、食品加工、农业灌溉等领域具有重要意义。

（2）监测工业用水。在工业领域，电导率测量广泛应用于监测锅炉给水、冷却水以及各种工艺用水的水质。通过实时测量电导率，企业可以及时发现水质的变化，从而采取相应的措施防止设备腐蚀、结垢等问题的发生。

（3）环境监测。党的二十大报告指出，"我们要加快发展方式绿色转型，实施全面节约战略，发展绿色低碳产业，倡导绿色消费，推动形成绿色低碳的生产方式和生活方式。深入推进环境污染防治，持续深入打好蓝天、碧水、净土保卫战，基本消除重污染天气，基本消除城市黑臭水体，加强土壤污染源头防控，提升环境基础设施建设水平，推进城乡人居环境整治"。在环境监测领域，电导率测量也被用于评估河流、湖泊、海洋等自然水体的水质状况。通过长期监测这些水体的电导率变化，可以了解它们受污染的程度和趋势，从而为环境保护和治理提供有价值的数据支持。

（4）实验室和工业生产。电导率传感器被广泛应用于实验室、工业生产和探测领域，用于测量超纯水、纯水、饮用水、污水等各种溶液的电导性或水标本整体离子的浓度。

任务三　强电解质的活度和活度系数

🔵 问题引入

什么是活度？

活度和浓度有什么不同？

什么情况下可以用浓度代替活度，什么情况下不能？

活度系数和离子强度的物理意义分别是什么？

一、溶液中离子的活度和活度系数

1. 提出问题

由于阴阳离子间存在较强的静电吸引，与非电解质溶液相比，电解质溶液更容易偏离理想溶液的行为。从理论上应如何描述电解质溶液的行为呢？

2. 现象解释

原则上讲，以活度代替浓度将化学势表示为 $\mu_B = \mu^B + RT\ln\alpha_B$ 同样适用于电解质溶液，但由于电解质的电离，使得其情况比非电解质溶液更复杂。在电解质稀溶液中，强电解质完全电离成阴阳离子，它们的化学势可分别表示为

$$\mu_+ = \mu^+ + RT\ln\alpha_+ \ , \quad \mu_- = \mu^- + RT\ln\alpha_-$$

其中阳离子活度 $\alpha_+ = \gamma_+ m_+/m^\ominus$，阴离子活度 $\alpha_- = \gamma_- m_-/m^\ominus$，$\gamma_+$，$\gamma_-$ 和 m_+，m_- 分别是阳离子和阴离子的活度系数和质量物质的量浓度。由于强电解质溶液由阴阳离子共同组成，其溶液总的化学势应该是各离子化学势的加和。对任一强电解质 $M_{v_+}A_{v_-}$：

$$M_{v_+}A_{v_-} \longrightarrow v_+M^{z^+} + v_-A^{z^-}$$

有：

$$\mu = v_+\mu_+ + v_-\mu_- = (v_+\mu^+ + v_-\mu^-) + RT\ln\alpha_+^{v_+}\alpha_-^{v_-} = \mu^+ RT\ln\alpha \qquad (7-10)$$

比较可知

$$\mu^{\ominus} = v_+\mu_+^{\ominus} + v_-\mu_-^{\ominus}$$

$$\alpha = \alpha_+^{v_+} \cdot \alpha_-^{v_-} \qquad (7-11)$$

由于单一离子的溶液不存在，故无法测定单一离子的活度及活度系数，实验测量的只能是阴阳离子共同的对外表现，为此需引入离子的平均活度 $\bar{\alpha}_\pm$、平均活度系数 $\bar{\gamma}_\pm$ 和平均质量物质的量浓度 $\bar{m}_\pm$，令 $v_+ + v_- = v$，根据式(7-10)定义 $\bar{\alpha}_\pm$ 为

$$\bar{\alpha}_\pm^v \xlongequal{\text{def}} \alpha_+^{v_+} \cdot \alpha_-^{v_-} \qquad (7-12)$$

令 $\bar{\alpha}_\pm = \bar{\gamma}_\pm \bar{m}_\pm / m^{\ominus}$，将其代入式(7-12)可得

$$\bar{\gamma}_\pm^v \cdot \bar{m}_\pm^v = (\gamma_+^{v_+} \cdot \gamma_-^{v_-})(m_+^{v_+} \cdot m_-^{v_-})$$

所以

$$\bar{\gamma}_\pm^v = \gamma_+^{v_+} \cdot \gamma_-^{v_-} \qquad (7-13)$$

$$\bar{m}_\pm^v = m_+^{v_+} \cdot m_-^{v_-} \qquad (7-14)$$

可见，离子平均活度、平均活度系数和平均质量物质的量浓度都是几何平均值。对浓度为 m 的强电解质 $M_{v_+}A_{v_-}$ 溶液，由于阳离子和阴离子的浓度分别为 $m_+ = v_+m$ 和 $m_- = v_-m$，代入式(7-14)得：

$$\bar{m}_\pm^v = (v_+m)^{v_+} \cdot (v_-m)^{v_-} = (v_+^{v_+} \cdot v_-^{v_-})m^v$$

$$\bar{m}_\pm = (v_+^{v_+} \cdot v_-^{v_-})^{1/v}m \qquad (7-15)$$

这表明，只要知道电解质及其浓度即可计算其平均质量物质的量浓度 $\bar{m}_\pm$，再由实验测出其溶液的 $\bar{\gamma}_\pm$，便可依据式(7-12)计算出 $\bar{\alpha}_\pm$ 及 α。

测量溶液平均活度系数的方法与测量非电解质溶液的相同，主要有蒸气压法、冰点降低法、渗透压法等，也可以采用电动势法。

二、离子平均活度系数的影响因素

影响离子平均活度系数的因素主要有浓度、温度、电解质种类等。

1. 图示分析

如图 7-5 所示，当浓度趋近零时，所有电解质溶液的 $\gamma_\pm$ 均趋近于 1。这是因为此时离子间相距甚远，离子间的相互作用可以忽略。随着浓度的增加及阴阳离子间静电吸引的增加，$\gamma_\pm$ 逐渐减少。但当浓度增加到一定数值后，电解质的 $\gamma_\pm$ 随浓度变化甚微，表明此时离子间的引力和斥力达到某种平衡。当浓度进一步增加时，一些电解质的 $\gamma_\pm$ 反而增加，表明此时离子间的

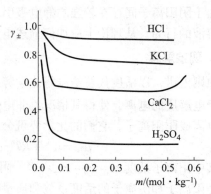

图 7-5　离子平均活动系数随电解质浓度的变化

斥力成为主要因素。高浓度时电解质的 $\gamma_\pm$ 可能达到甚至超过 1。这一现象与非电解质的明显不同，如表 7 – 7 所示。

表 7 – 7　电解质的价型和浓度对其平均活度系数的影响

价型	电解质	0.1 mol/L	0.2 mol/L	1.0 mol/L
1 : 1	$RbNO_3$	0.734	0.658	0.430
	NH_4ClO_4	0.730	0.660	0.482
1 : 2	$BaCl_2$	0.508	0.450	0.401
	$CaCl_2$	0.510	0.457	0.419
1 : 3	$LaCl_3$	0.314	0.274	0.342
	$FeCl_3$	0.325	0.280	0.270

如表 7 – 7 所示，价型对电解质 $\gamma_\pm$ 的影响较为显著，而相同价型电解质的 $\gamma_\pm$ 往往相差不大。这表明电解质的 $\gamma_\pm$ 与物质本质关系不大，存在影响 $\gamma_\pm$ 的共性因素。

2. 认识概念

为了综合浓度和价型的影响，路易斯（Lewis）于 1921 年提出了离子强度的概念，并定义

$$I \stackrel{\text{def}}{=\!=\!=} \frac{1}{2} \sum_B m_B z_B^2 \tag{7 – 16}$$

式中　m——离子的质量物质的量浓度；

　　　z——离子价数；

　　　B——溶液中某种离子。

通过在 z_B 上引入平方来体现价数的影响更为显著，这样，离子强度就成为一个综合考虑浓度和价数影响的物理量。

3. 公式扩展

路易斯研究了离子平均活度与离子强度的关系，发现当以 $\ln\overline{\gamma}_\pm$ 对 $\sqrt{I}$ 作图时，在低浓度时可以得到良好的线性关系：

$$\ln\overline{\gamma}_\pm = -A'\sqrt{I} \tag{7 – 17}$$

式（7 – 17）称为路易斯经验公式。在指定温度和溶剂时，A' 为一常数。对于 298 K 的水溶液，$A' = 1.172\ kg^{1/2} \cdot mol^{1/2}$。

式（7 – 17）显示了引入离子强度的意义，揭示了浓度和价型是影响溶液平均活度系数的本质因素，也表明，若某电解质在不同溶液中的浓度不同，但只要其所处溶液的离子强度相同，则该电解质就具有相同的平均活度系数。强电解质离子平均活度系数的这一重要特性已得到普遍应用。

选择题

（1）在质量摩尔浓度为 b 的 $MgSO_4$ 中，$MgSO_4$ 的活度 α 为（　　）。

A. $(b/b^{\ominus})^2\gamma_{\pm}^2$　　　　B. $2(b/b^{\ominus})^2\gamma_{\pm}^2$　　　　C. $4(b/b^{\ominus})^3\gamma_{\pm}^3$　　　　D. $8(b/b^{\ominus})^4\gamma_{\pm}^4$

（2）离子运动速度直接影响离子的迁移数，它们的关系是（　　）。

A. 离子运动速度越大，迁移电量越多，迁移数越大

B. 同种离子运动速度是一定的，故在不同电解质溶液中，其迁移数相同

C. 在某种电解质溶液中，离子运动速度越大，迁移数越大

D. 离子迁移数与离子本性无关，只决定于外电场强度

（3）正离子的迁移数与负离子的迁移数之和（　　）。

A. 大于1　　　　　　B. 等于1　　　　　　C. 小于1　　　　　　D. 无法确定

（4）以下说法中正确的是（　　）。

A. 电解质溶液中各离子迁移数之和为1

B. 电解池通过 1 F 电量时，可以使 1 mol 物质电解

C. 因离子在电场作用下可定向移动，所以测定电解质溶液的电导率时要用直流电桥

D. 无限稀电解质溶液的摩尔电导率可以看成正负离子无限稀摩尔电导率之和，这一规律只适用于强电解质

任务四　可逆电池的设计

 案例导入

2023 年 12 月 28 日，小米集团在北京举办小米汽车技术发布会，小米汽车首款作品小米 SU7 细节首次公开亮相。小米汽车是小米集团从手机行业到汽车行业的重大跨越，更是"人车家全生态"完整闭环的关键跨越。在工业硬科技领域，小米展现了自研制造硬核科技实力，并具备了领先的完整汽车大工业智能制造实力。例如，小米自主研发和生产的超级电机 HyperEngine V8s，转速达到 27 200 r/m，全球量产电机转速第一；小米自研了 CTB 一体化电池技术，并全球首发电芯倒置技术，实现了目前 CTB 电池全球最高的 77.8% 电池集成效率，为了从源头保证电池性能和品质，小米甚至还自建了电池包工厂。

2024 年 4 月 3 日上午，小米 SU7 首批交付仪式在北京亦庄的小米汽车工厂总装车间举行。与此同时，全国 28 城交付中心也同步开启首批交付。

一、原电池设计的原理

1. 实验现象

通常的氧化还原反应在电池中发生时，会拆成单纯的氧化反应和还原反应在两个电极

上分别发生，电极上发生的反应和总反应如下。

负极：$Zn \longrightarrow Zn^{2+} + e^{2-}$。

正极：$Cu^{2+} + e^{2-} \longrightarrow Cu$。

总反应：$Zn + Cu^{2+} \longrightarrow Zn^{2+} + Cu$。

可逆电池与原电池

在电极上发生的反应称为电极反应，也称半反应，因为它们仅是完整氧化还原反应的 1/2。

2. 解释实验现象

上述反应发生时，在负极 Zn 变成 Zn^{2+} 进入溶液并将电子留在极板上，导致极板电子过剩，电势变负；在正极，溶液中的 Cu^{2+} 到电极上夺取电子，导致铜板带正电，电势变正。可见，电极间电势差的形成是电极上分别发生氧化反应、还原反应的必然结果。因此，只要将一个反应拆成氧化和还原两个半反应，让它们在两个电极上分别发生，就可以获得电势差和电流。这是原电池设计的基本思路。

3. 知识延伸

电池由电极和电解质溶液组成。本项目主要研究讨论可逆电池，即按照热力学可逆的方式将化学能转化为电能的装置。研究可逆电池不仅可以建立热力学与电化学的联系，而且可以为热力学研究提供方法和手段。

已知在恒温、恒压条件下，体系吉布斯函数的减小 $-(\Delta_r G_m)_{T,p}$ 等于体系对外所做的最大有效功 W'_r。电功 $W' = -QE$ 是一种重要的有效功。如果反应过程中电子转移的物质的量为 n，则通过电化学装置的电荷量 $Q = nF$。在可逆情况下，电池两电极间的电势差最大，称为该电池的可逆电池电动势 E，所以

$$-(\Delta_r G_m)_{T,p} = W'_r = -nFE \qquad (7-18)$$

式 (7-18) 将热力学参数 $(\Delta_r G_m)_{T,p}$ 与电化学参数 E 联系起来，是沟通电化学和热力学的桥梁和最重要的基本关系。

所谓电池的热力学可逆，包含两方面内容：反应可逆和过程可逆。所谓反应可逆是指同一个电极在发生氧化或还原反应时，其反应式相同但反应方向相反；所谓过程可逆，是指不存在任何不可逆过程（如扩散过程），且电池电动势 E 与外加电压 V 之间之差无限小，从而使流经电池的电流强度为零或者无限小。其中，过程可逆多数易于人为控制，而反应可逆则主要由体系自身性质决定，要构成可逆电池必须采用可逆电极。

二、可逆电极

1. 电极介绍

电极通常由导体、电极材料和电解质溶液三部分构成。例如，丹尼尔电池的负极是锌板加上硫酸锌溶液，记为 $Zn(s) \mid Zn^{2+}(m)$，其中的"$\mid$"表示两相界面。该电极中，锌板本身既是导体又是电极材料。将电极理解为单一的金属板是错误的。

可逆电极必须满足单一电极、反应可逆和处于电化学平衡三个条件。所谓单一电极是指只发生一种电化学反应的电极。将 Zn 片插入硫酸，则 Zn 片上发生 $Zn \longrightarrow Zn^{2+} + 2e^-$ 和 $2H^+ + 2e^- \longrightarrow H_2$ 两个反应。因此，$Zn(s) \mid H^+(m)$ 电极就不是单一电极。同理，$Na(s) \mid Na^+(aq, m)$ 和 $Fe(s) \mid Fe^{3+}(eq, m)$ 均不是单一电极，因而也就不可逆。而如果

电极未达电化学平衡，则电极必然发生不可逆的变化而破坏电极的可逆性。

2. 电极种类

（1）第一类电极

该类电极以金属电极为代表。所谓金属电极，就是将金属浸在含有该种金属离子的溶液中所构成的电极，以符号 $M \mid M^{z+}$ 表示，电极反应通式为

$$M^{z+} + ze^- \longrightarrow M$$

显然，丹尼尔电池的正负极都是金属电极。

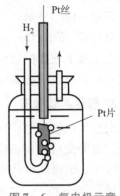

图 7-6　氢电极示意

通常将气体电极（如氢电极 $(Pt)H_2(g, p) \mid H^+(m)$）、汞齐电极（如镉汞齐电极 $Cd(Hg)_x \mid Cd^{2+}(m)$）和配合物电极（如 $Ag(s) \mid Ag(CN)_2^-$）也归入第一类电极。该类电极的最大特点就是只有金属/电解质溶液一个界面，界面处不仅有电子的转移，还伴有金属离子的转移。

氢电极、氧电极等气体电极的基本结构如图 7-6 所示，是将作为导体的 Pt 片浸入含 H^+ 或 OH^- 的溶液中，而后将 H_2，O_2 冲打在其上。用符号 $(Pt)H_2(g, p) \mid H^+(m)$ 或 $(Pt)H_2(g, p) \mid OH^-(m)$，以及 $(Pt)O_2(g, p) \mid OH^-(m)$ 或 $(Pt)O_2(g, p) \mid H_2O, H^+(m)$ 表示，其电极反应的写法也略有不同，具体写法如下。

氢电极。

酸性：$2H^+(m) + 2e^- \longrightarrow H_2$。

碱性：$2H_2O + 2e^- \longrightarrow 2OH^-(m) + H_2$。

氧电极。

酸性：$O_2 + 2H_2O + 4e^- \longrightarrow 4OH^-(m)$。

碱性：$O_2 + 4H^+(m) + 4e^- \longrightarrow 2H_2O$。

第一类电极在电化学中有重要应用，如丹尼尔电池中的 $Cu(s) \mid Cu^{2+}(m)$ 和 $Zn(s) \mid Zn^{2+}(m)$ 电极，干电池中的负极 $Zn(s) \mid Zn(NH_3)_4^{2+}(m)$ 和 $Zn(s) \mid Zn(OH)_4^{2-}(m)$ 电极等。

（2）第二类电极。

主要包括微溶盐电极和微溶氧化物电极。

以微溶盐电极为例，该类电极是在金属电极表面覆盖一薄层该金属的一种微溶盐，然后浸入含有该微溶盐阴离子的溶液中。最常见的有甘汞电极 $Hg(l)-Hg_2Cl_2(s) \mid Cl^-(m)$ 和银-氯化银电极 $Ag(s)-AgCl(s) \mid Cl^-(m)$。这种电极的特点是对微溶盐的阴离子可逆。

以 $Ag(s)-AgCl(s) \mid Cl^-(m)$ 为例，其电极反应为

$$AgCl(s) + e^- \longrightarrow Ag(s) + Cl^-(m)$$

该类电极有金属/微溶盐和微溶盐/电解质溶液两个界面，界面处不仅有电子转移而且有阴离子的转移。该类电极在电化学研究中具有较重要的理论意义，因为绝大多数参比电极都属于该类电极，另外，该类电极在可充电电池中的应用也相当广泛，如铅酸蓄电池中的负极 $Pb(s) \mid PbSO_4(s) \mid SO_4^{2-}(m)$ 和正极 $Pb(s) \mid PbO_2(s) \mid PbSO_4(s) \mid SO_4^{2-}(m)$ 等。

（3）第三类电极。

又称氧化还原电极，是将惰性金属如铂片插入含有某种离子（或化合物）的两种不同氧化态的溶液中而构成的，最典型的例子是（Pt）$|$ Fe^{3+}（m_1），Fe^{2+}（m_2）电极，其电极反应为

$$Fe^{3+}(m_1) + e^- \longrightarrow Fe^{2+}(m_2)$$

该类电极只有一个固/液界面，界面处只有电子的转移，金属片只起传导电流的作用而不参与电极反应。

三、电池表达式

所谓电池的表达方式就是采用人为规定的一些符号来表示电池组成的式子。例如，丹尼尔电池就可以简单地用下列表达式表示：

$$Zn(s) | Zn^{2+}(m_1) \| Cu^{2+}(m_2) | Cu(s)$$

表达式要比采用图示形式简单方便得多。

在书写电池表达式时，通常需遵循以下几个规定。

（1）以化学式表示电池中各种物质的组成，并注明固（s）、液（l）、气（g）等物态。对气体还要注明压力（p），对溶液需注明浓度（m）或活度（α）。

（2）以单竖线"$|$"表示不同物相间的界面。用双竖线"$\|$"表示盐桥。书写电池表达式时要求各化学式及符号的排列顺序要真实反映电池中各种物质的接触次序。

（3）电池的负极写在左侧，正极写在右侧。

四、可逆电池的设计

采用可逆电极构成的电池，在其他条件满足要求的情况下，可以构成可逆电池。根据可逆电池设计的原理，可逆电池的设计可按以下步骤进行。

（1）拆分氧化还原反应，确定电池的正负极。

（2）确定电解质溶液的种类和是否使用盐桥。

（3）书写电池表达式。

（4）复核电池反应与给定反应是否一致。

【实战演练 7-6】 将下列反应设计成电池。

（1）$H_2(g) + Hg_2SO_4(s) \longrightarrow 2Hg(l) + H_2SO_4(m)$。

（2）$H^+(m_1) + OH^-(m_2) \longrightarrow H_2O(l)$。

（3）$H_2(p_1) \longrightarrow H_2(p_2)$。

（4）$HCl(m_1) \longrightarrow HCl(m_2)$。

解：电池设计。

（1）该反应中 $H_2(g)$ 被氧化，$Hg_2SO_4(s)$ 被还原，所以总反应可拆解为氧化反应：$H_2(g) \longrightarrow 2H^+(m) + 2e^-$ 为氢电极（Pt）$H_2(g) | H^+(2m)$，作负极，在左侧；还原反应：$Hg_2SO_4(s) + 2e^- \longrightarrow 2Hg(l) + SO_4^{2-}(m)$ 为 $Hg(l) - Hg_2SO_4(s) | SO_4^{2-}(m)$，作正极，在右侧。

电解质溶液含 H^+ 和 SO_4^{2-}，可组合成 H_2SO_4，只有一种电解质溶液，不需要盐桥。故电池可设计为

$$(Pt)H_2(g) \mid H_2SO_4(m) \mid Hg_2SO_4(s) \mid Hg(l)$$

复核。$-$)左侧负极：$H_2(g) \longrightarrow 2H^+(m) + 2e^-$。

$\quad$ $+$)右侧正极：$Hg_2SO_4(s) + 2e^- \longrightarrow 2Hg(l) + SO_4^{2-}(m)$。

电池反应：$H_2(g) + Hg_2SO_4(s) \longrightarrow 2Hg(l) + H_2SO_4(m)$。

与给定反应一致，设计正确。

（2）该反应不是氧化还原反应，设计相对复杂。

由于存在 H^+ 和 OH^-，可以选择对 H^+ 和 OH^- 均可逆的电极，如氢电极，则上述反应可拆解为氧化反应：$2OH^-(m_2) + H_2(g, p) \longrightarrow 2H_2O(l) + 2e^-$，即碱性氢电极 $(Pt)H_2(g) \mid OH^-(m_2)$ 作负极，在左侧；还原反应：$2H^+(m_1) + 2e^- \longrightarrow H_2(g, p)$，即酸性氢电极 $(Pt)H_2(g) \mid H^+(m_1)$ 作正极，在右侧。

电解质溶液分别含有 OH^- 和 H^+，两者不能共存，需使用盐桥分开并连接。电池设计为

$$(Pt)H_2(g, p) \mid OH^-(m_2) \parallel H^+(m_1) \mid H_2(g, p)(Pt)$$

复核。$-$)左侧负极：$2OH^-(m_2) + H_2(g, p) \longrightarrow 2H_2O(l) + 2e^-$。

$\quad$ $+$)右侧正极：$2H^+(m_1) + 2e^- \longrightarrow H_2(g, p)$。

电池反应：$2OH^-(m_2) + 2H^+(m_1) \longrightarrow 2H_2O(l)$。

约分后即为 $H^+(m_1) + OH^-(m_2) \longrightarrow H_2O(l)$，与给定反应一致，设计正确。

（3）该式表示的不是化学反应，而是一个物理过程。反应显然涉及氢电极，但电解质溶液不明，单采用酸性和碱性氢电极应该都没有影响。以酸性氢电极为例，反应可分拆为氧化反应：$H_2(g, p_1) \longrightarrow 2H^+(m) + 2e^-$，即酸性氢电极 $(Pt)H_2(g, p_1) \mid H^+(m)$ 作负极，在左侧；还原反应：$2H^+(m) + 2e^- \longrightarrow H_2(g, p_2)$，即酸性氢电极 $(Pt)H_2(g, p_2) \mid H^+(m)$ 作正极，在右侧。

电解质溶液可采用同一酸溶液而不使用盐桥。所以，电池可设计为

$$(Pt)H_2(g, p_1) \mid HCl(m) \mid H_2(g, p_2)(Pt)$$

复核。$-$)左侧负极：$H_2(g, p_1) \longrightarrow 2H^+(m) + 2e^-$。

$\quad$ $+$)右侧正极：$2H^+(m) + 2e^- \longrightarrow H_2(g, p_2)$。

电池反应：$H_2(p_1) \longrightarrow H_2(p_2)$。

与给定反应一致，设计正确。

（4）该式表示的也不是化学反应，可以设想为一个从高浓度向低浓度的扩散过程。该过程只给出电解质溶液，必须选取与该电解质可逆的电极，对 H^+ 可逆可选取氢电极或者氧电极等，对 Cl^- 可逆，可选择甘汞电极、银－氯化银电极或者氯电极等。现以银－氯化银电极为基础进行拆分为氧化反应：$Ag(s) + Cl^-(m_1) \longrightarrow AgCl(s) + e^-$，即 $Ag(s) - AgCl(s) \mid Cl^-(m_1)$ 作负极，在左侧；还原反应：$AgCl(s) + e^- \longrightarrow Ag(s) + Cl^-(m_2)$，即 $Ag(s) - AgCl(s) \mid Cl^-(m_2)$ 作正极，在右侧。

电解质溶液为两种不同浓度的盐酸溶液。为保证不发生扩散这一不可逆过程，必须将电解液隔开并用盐桥连接。所以，电池可设计为

$$Ag(s) - AgCl(s) \mid HCl(m_1) \parallel HCl(m_2) \mid AgCl(s) - Ag(s)$$

复核。$-$)左侧负极：$Ag(s) + Cl^-(m_1) \longrightarrow AgCl(s) + e^-$。

$\quad$ $+$)右侧正极：$AgCl(s) + e^- \longrightarrow Ag(s) + Cl^-(m_2)$。

电池反应：$HCl(m_1) \longrightarrow HCl(m_2)$。

与给定反应一致，设计正确。

结论：上述的四个电池中，电池(1)(2)的电池反应为化学反应，其所构成的电池称为化学电池。其中，电池(1)只有一种电解质溶液，属于单液化学电池，而电池(2)有两种不同的溶液，称为双液化学电池。电池(3)(4)的电池反应不是化学反应，且电解质或者电极活性物质的浓度不同，属于浓度电池。其中，电池(3)是单液浓度电池，由于该类电池仅电极活性物质的活度或分压不同，所以也称电极浓度电池，而电池(4)则属于双液浓度电池，也称电解液浓度电池。

 素质拓展训练

1. 写出下列电池所对应的化学反应。

(1) $(Pt)H_2(g) \left| \frac{1}{2}H_2SO_4(m) \right| \frac{1}{2}Hg_2SO_4(s) - Hg(l)$。

(2) $Pb(s) - PbSO_4(s) \left| \frac{1}{2}K_2SO_4(m_1) \right\| \frac{1}{2}KCl(m_2) \left| \frac{1}{2}PbCl_2(s) - Pb(s)$。

(3) $(Pt)H_2(g) \left| \frac{1}{2}NaOH(m) \right| \frac{1}{2}O_2(g)(Pt)$。

(4) $(Pt)H_2(g) \left| \frac{1}{2}HCl(m) \right| \frac{1}{2}Cl_2(g)(Pt)$。

(5) $Ag(s) - AgCl(s) \left| \frac{1}{2}CuCl_2(m) \right| \frac{1}{2}Cu(s)$。

(6) $(Pt) \left| \frac{1}{2}Sn^{4+}, \ Sn^{2+} \right\| \frac{1}{2}Tl^{3+}, \ \frac{1}{2}Tl^+ \right| (Pt)$。

(7) $Ag(s) - AgCl(s) \left| \frac{1}{2}KCl(m) \right| \frac{1}{2}Hg_2Cl_2(s) - Hg(l)$。

(8) $(Pt)H_2(g) \left| \frac{1}{2}NaOH(m) \right| \frac{1}{2}HgO(s) - Hg(l)$。

(9) $Hg(l) - Hg_2Cl_2(s) \left| \frac{1}{2}KCl(m_1) \right\| \frac{1}{2}HCl(m_2) \left| Cl_2(g)(Pt)$。

(10) $Sn(s) \left| \frac{1}{2}SnSO_4(m_1) \right\| \frac{1}{2}H_2SO_4(m_2) \left| \frac{1}{2}H_2(g)(Pt)$。

2. 试将下列化学反应设计成电池。

(1) $Zn(s) + H_2SO_4(m_1) \longrightarrow ZnSO_4(m_2) + H_2(g)$。

(2) $H_2(g) + I_2(s) \longrightarrow 2HI(m)$。

(3) $Cd(Hg)_x(\alpha_1) \longrightarrow Cd(Hg)_x(\alpha_2)$。

(4) $Fe^{2+}(m_1) + Ag^+(m_2) \longrightarrow Fe^{3+}(m_3) + Ag(s)$。

(5) $Pb(s) + Hg_2SO_4(s) \longrightarrow PbSO_4(s) + 2Hg(l)$。

(6) $AgCl(s) + I^-(m_1) \longrightarrow AgI(s) + Cl^-(m_2)$。

(7) $\frac{1}{2}H_2(g) + AgCl(s) \longrightarrow Ag(s) + HCl(m)$。

(8) $Ag^+(m_1) + I^-(m_2) \longrightarrow AgI(s)$。

(9) $2Br^-(m_1) + Cl_2(g) \longrightarrow Br_2(l) + 2Cl^-(m_2)$。

(10) $Ni(s) + H_2O(l) \longrightarrow NiO(s) + H_2(p)$。

任务五　可逆电池热力学

知识导入

可逆电池的 $(\Delta_r G_m)_{T,p} = -nFE$ 关系不仅是电化学与热力学沟通的桥梁，也是讨论可逆电池热力学关系的出发点。电池电动势 E 是电化学的重要参数，要讨论可逆电池电动势的影响因素以及电池反应与热力学量之间的关系。

1. 能斯特(Nernst)方程

采用电池电动势测量原理，能斯特研究了电池电动势与参加电池反应的物质的浓度（活度）的关系，发现在恒定温度下，对于任一电池反应 $aA + bB \rightleftharpoons gG + hH$，存在如下经验公式：

$$E = E^\ominus - \frac{RT}{nF}\ln Q_\alpha = E^\ominus - \frac{RT}{nF}\ln\frac{\alpha_G^g \alpha_H^h}{\alpha_A^a \alpha_B^b} \tag{7-19}$$

式(7-19)称为电池的能斯特方程。其中 n 就是电极反应中得失电子数，α_B 是参与反应物质 B 的活度。其中 $E^\ominus$ 相对于所有物质的活度均为 1 时的电池电动势，称为电池的标准电动势。该公式虽然是经验公式，但可方便地从热力学公式导出，导出过程如下。

在反应温度为 T 时，根据范特霍夫等温式有

$$\Delta_r G_m = \Delta_r G_m^\ominus - RT\ln Q_\alpha \tag{7-20}$$

式中，Q_α 是反应 $aA + bB = gG + hH$ 的活度商，即 $Q_\alpha = \frac{\alpha_G^g \alpha_H^h}{\alpha_A^a \alpha_B^b}$。

由式 $\Delta_r G_m = -nFE$ 可知 $E = -\frac{\Delta_r G_m}{nF}$，令 $E^\ominus = -\frac{\Delta_r G_m^\ominus}{nF}$，则可改写为 $E = E^\ominus - \frac{RT}{nF}\ln Q_\alpha = E^\ominus - \frac{RT}{nF}\ln\frac{\alpha_G^g \alpha_H^h}{\alpha_A^a \alpha_B^b}$。

能斯特方程

此即能斯特方程，适用于恒温条件下正负极均处于平衡状态的可逆电池。

2. 标准电池电动势 $E^\ominus$ 的计算与测定

能斯特方程显示，电池电动势受参与电化学反应的物质活度的影响，这就给研究和使用带来不便。而标准电池电动势 $E^\ominus$ 则相当于参与电池反应的各物质的活度均为 1 时电池的电动势，是一个与浓度无关的常数，使用起来无疑更加方便。因此，测定和计算 $E^\ominus$ 就显得尤为重要。

根据 $E^\ominus = -\frac{\Delta_r G_m^\ominus}{nF}$ 知，只要求出反应的 $\Delta_r G_m^\ominus$，就不难求出电池的 $E^\ominus$。有很多方法可

用于计算反应的 $\Delta_r G_m^\ominus$，显然这些方法亦可用于 $E^\ominus$ 的计算。但在历史上，通常是通过实验测量 $E^\ominus$ 进而计算反应的 $\Delta_r G_m^\ominus$。那么，如何测量电池的 $E^\ominus$ 呢？

对某些特殊电池，如 $Pb(s) - PbO(s) \mid OH^- (m) \mid HgO(s) - Hg(l)$，其电池反应为

$$Pb(s) + HgO(s) \longrightarrow PbO(s) + Hg(l)$$

所有参加反应的物质均以纯态出现，根据规定，它们的活度均为 1。因此，该电池的电动势 E 就等于 $E^\ominus$，可用电势差计直接测量。但这种特例终归是少数。对于参加反应的物质的活度不都为 1 的情况，通常采用外推法确定其 $E^\ominus$。例如，电池

$$(Pt)H_2(g, p^\ominus) \mid HBr(m) \mid AgBr(s) - Ag(s)$$

其电池反应为

$$\frac{1}{2}H_2(g, p^\ominus) + AgBr(s) \longrightarrow Ag(s) + HBr(m)$$

其能斯特方程为

$$E = E^\ominus - \frac{RT}{nF}\ln\frac{\alpha(Ag)\,\alpha(HBr)}{\alpha(H_2)^{0.5}\alpha(AgBr)}$$

【实战演练 7 - 7】 已知电池 $Cd(s) \mid Cd^{2+}(\alpha_1) \parallel Cl^-(\alpha_2) \mid Cl_2(p^\ominus) \mid Pt$ 的标准电动势为 1.761 V，试写出其电极反应和电池反应，并计算 298.15 K 时电池反应的标准平衡常数 $K^\ominus$。

解：

$$\ln K^\ominus = -\frac{nFE^\ominus}{RT} = -\frac{2 \times 96\,500 \times 1.761}{8.314 \times 298.15}$$

$$K^\ominus = 3.45 \times 10^{59}$$

3. 绝对电极电势

对于原电池，如果溶液中不存在电势差，即不存在液体接界电势，则电池电动势 E 可以表示为正极和负极的绝对电势之差，即

$$E = \varepsilon_+ - \varepsilon_-$$

该式表明，如果测得不同电极的绝对电势，则可方便地计算由电极任意组合而构成的电池的电动势。但是，要测量电解质溶液到电极表面的绝对电势，就必须将电极和电解质溶液接入电势计，势必引入另一个金属/溶液界面，使得所测量的只能是式(7 - 19)中的电势差 E，而非电极的绝对电势。这表明，电极的绝对电势是无法通过实验测量的。

4. 标准电极电势

在绝对电势的测量过程中遇到了与测量离子生成自由能类似的问题，即只能测定差值而无法确定具体的数值，当然也可以用类似的方法——设定基准值来加以解决。

如果将电池的负极设定为某个具有稳定电势的标准电极，并取其电势为零，则可以测定相对于该标准电极的其他所有电极的电极电势。如此测量的电极电势称为相对电极电势，简称电极电势，通常用符号 φ 表示。考虑到各标准间的一致性，IUPAC 规定，电势测量的相对基准为标准氢电极(SHE 或 NHE)，并规定：

在任一温度下，标准氢电极的电极电势都等于零。在标准氢电极体系，将镀过铂黑的铂电极浸入 $\alpha(H^+) = 1$ 的酸溶液中，并以标准压力的干燥氢气不断冲击铂电极。测量时，将标准氢电极作为发生氧化反应的负极，将待测电极作为发生还原反应的正极，组成无液体接界电势的如下电池：

$$(\mathrm{Pt})\,\mathrm{H_2}\,(p^{\ominus})\,|\,\mathrm{H^+}\,(\alpha=1)\,\|\,待测电极$$

则该电池电动势的数值和符号就是待定电极的电极电势的数值和符号。

例如，要确定电极 $\mathrm{Pt(s)}\,|\,\mathrm{Fe^{3+}}\,(\alpha=0.1)$，$\mathrm{Fe^{2+}}\,(\alpha=0.1)$ 的电势，可组成如下电池：

$$(\mathrm{Pt})\,\mathrm{H_2}\,(p^{\ominus})\,|\,\mathrm{H^+}\,(\alpha=1)\,\|\,\mathrm{Fe^{3+}}\,(\alpha=0.1)，\mathrm{Fe^{2+}}\,(\alpha=0.1)\,|\,\mathrm{Pt(s)}$$

经测量，该电池的电动势为 $0.771\ \mathrm{V}$，所以，$\mathrm{Pt(s)}\,|\,\mathrm{Fe^{3+}}\,(\alpha=0.1)$，$\mathrm{Fe^{2+}}\,(\alpha=0.1)$ 的电极电势就是 $+0.771\ \mathrm{V}$。

根据上述讨论可知，绝对电极电势与相对电极电势是不同的概念，两者的数值也不同，但正负极的绝对电极电势之差与正负极相对电极电势之差却是相同的，这是采用统一基准的必然结果。因此，式(7-19)也可以改写成

$$E = \varphi_+ - \varphi_-$$

即要计算电池的电动势，只要测出电极的相对电极电势就足够了。绝对电势既不可测，也不需要测。

上述电池的电池反应及其对应的能斯特方程式可表示为

$$\mathrm{Fe^{3+}} + \frac{1}{2}\mathrm{H_2} \longrightarrow \mathrm{Fe^{2+}} + \mathrm{H^+}$$

$$E = E^{\ominus} - \frac{RT}{nF}\ln\frac{\alpha_{\mathrm{Fe^{2+}}}\,\alpha_{\mathrm{H^+}}}{\alpha_{\mathrm{Fe^{3+}}}\,\alpha_{\mathrm{H_2}}^{1/2}} \qquad (7-21)$$

由于 $E = \varphi_{\mathrm{Fe^{3+}/Fe^{2+}}} - \varphi_{\mathrm{H^+/H_2}}$，并定义 $E^{\ominus} = \varphi_{\mathrm{Fe^{3+}/Fe^{2+}}}^{\ominus} - \varphi_{\mathrm{H^+/H_2}}^{\ominus}$，代入式(7-21)可得

$$\varphi_{\mathrm{Fe^{3+}/Fe^{2+}}} = \varphi_{\mathrm{Fe^{3+}/Fe^{2+}}}^{\ominus} - \frac{RT}{nF}\ln\frac{\alpha_{\mathrm{Fe^{2+}}}}{\alpha_{\mathrm{Fe^{3+}}}} \qquad (7-22)$$

式中，$\varphi_{\mathrm{Fe^{3+}/Fe^{2+}}}^{\ominus}$ 称为电极 $\mathrm{Pt(s)}\,|\,\mathrm{Fe^{3+}}$，$\mathrm{Fe^{2+}}$ 的标准电极电势，是所有参与电极反应的物质的活度均为 1 时的电极电势。

式(7-22)也可以写成

$$\varphi = \varphi^{\ominus} - \frac{RT}{nF}\ln\frac{\alpha_{\mathrm{Red}}}{\alpha_{\mathrm{Ox}}}\ 或\ \varphi = \varphi^{\ominus} + \frac{RT}{nF}\ln\frac{\alpha_{\mathrm{Ox}}}{\alpha_{\mathrm{Red}}} \qquad (7-23)$$

式(7-23)称为电极的能斯特方程。其中 α_{Ox} 和 α_{Red} 分别是电极活性物质的氧化型和还原型的活度。

电极的标准电极电势与物质的活度无关，使用更为方便。表7-8给出了常见重要电极的标准电极电势。其他标准电极电势的数值可以方便地从手册中查到。

表7-8 常见电极25℃时的标准电极电势

电极	$\varphi^{\ominus}/\mathrm{V}$	电极	$\varphi^{\ominus}/\mathrm{V}$
$\mathrm{Li^+}\,|\,\mathrm{Li}$	-3.045	$\mathrm{H_2O}$，$\mathrm{H^+}\,|\,\mathrm{O_2(Pt)}$	1.229
$\mathrm{K^+}\,|\,\mathrm{K}$	-2.925	$\mathrm{H_2O}$，$\mathrm{OH^-}\,|\,\mathrm{O_2(Pt)}$	0.401
$\mathrm{Ba^{2+}}\,|\,\mathrm{Ba}$	-2.906	$\mathrm{I^-}\,|\,\mathrm{I_2(Pt)}$	0.5362
$\mathrm{Ca^{2+}}\,|\,\mathrm{Ca}$	-2.866	$\mathrm{Br^-}\,|\,\mathrm{Br_2(Pt)}$	1.065
$\mathrm{Na^+}\,|\,\mathrm{Na}$	-2.714	$\mathrm{Cl^-}\,|\,\mathrm{Cl_2(Pt)}$	1.360
$\mathrm{Mg^{2+}}\,|\,\mathrm{Mg}$	-2.363	$\mathrm{F^-}\,|\,\mathrm{F_2(Pt)}$	2.87

电极	$\varphi^{\ominus}/V$	电极	$\varphi^{\ominus}/V$
$Al^{3+}\mid Al$	-1.662	$OH^-\mid PbO-Pb$	-0.580
$Zn^{2+}\mid Zn$	-0.763	$SO_4{}^{2-}\mid PbSO_4-Pb$	-0.358
$Fe^{2+}\mid Fe$	$-0.440\,2$	$I^-\mid AgI-Ag$	-0.152
$Cd^{2+}\mid Cd$	$-0.402\,9$	$Br^-\mid AgBr-Ag$	$0.071\,1$
$Tl^+\mid Tl$	$-0.336\,5$	$OH^-\mid HgO-Hg$	$0.098\,6$
$Co^{2+}\mid Co$	-0.277	$H^+\mid Sb_2O_3-Sb$	0.152
$Ni^{2+}\mid Ni$	-0.250	$Cl^-\mid AgCl-Ag$	$0.222\,4$
$Sn^{2+}\mid Sn$	-0.136	$Cl^-\mid Hg_2Cl_2-Hg$	$0.268\,0$
$Pb^{2+}\mid Pb$	-0.126	$SO_4{}^{2-}\mid Hg_2SO_4-Hg$	0.615
$H_2O,\ OH^-\mid H_2(Pt)$	$-0.828\,1$	$Cr^{3+},\ Cr^{2+}\mid (Pt)$	-0.408
$H^+\mid H_2(Pt)$	$0.000\,0$	$Sn^{4+},\ Sn^{2+}\mid (Pt)$	0.15
$Cu^{2+}\mid Cu$	0.337	$Cu^{2+},\ Cu^+\mid (Pt)$	0.153
$Cu^+\mid Cu$	0.521	$Fe^{3+},\ Fe^{2+}\mid (Pt)$	0.771
$Ag^+\mid Ag$	0.799	$Tl^{3+},\ Tl^+\mid (Pt)$	1.25
$Hg_2{}^{2+}\mid Hg$	0.788		

根据电极电势测量的规定，在电极电势测量过程中标准氢电极作为负极，而所有其他电极作正极发生还原反应，因此在书写电极反应时通常都写成还原反应的形式。

5. 参比电极

作为电极电势测量的初级标准，标准氢电极的制备和使用都不方便。例如，氢气中的微量氧、溶液中微量氧化性物质的存在，都会导致电极电势的波动或偏移，而铂黑表面容易吸附杂质而毒化，导致电势不稳定；同时，$\alpha_{(H^+)}=1$ 溶液的制备和维护都不容易。所以，在实际使用时，经常采用一些电势稳定并经过精确测量、制备容易、使用方便的电极作为二级标准，这些电极称为参比电极。常用的参比电极有甘汞电极(酸性)、硫酸亚汞电极(酸性)、氯化银参比电极(中性)、氧化汞参比电极(碱性)。以甘汞参比电极为例，商品化的甘汞电极的结构如图7-7所示。

将少量汞、甘汞和氯化钾溶液混合研磨成糊状物覆盖在素瓷上，上部放入纯汞，以铂丝作引线，然后浸入饱和了甘汞的氯化钾溶液中。甘汞电极的电极电势

$$\varphi_{Hg_2Cl_2/Hg}=\varphi^{\ominus}_{Hg_2Cl_2/Hg}-\frac{RT}{F}\ln\alpha(Cl^-)$$

与 $\alpha(Cl^-)$ 有关。在25℃时，饱和甘汞电极(SCE)的电极电势 $\varphi(Hg_2Cl_2/Hg)=0.241\,2\ V$。

通过测量电池的电动势求出待测电极相对于饱和甘汞电极的电极电势，再通过换算即可得出其相对于标准氢电

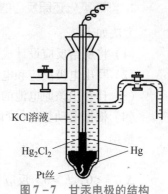

图7-7　甘汞电极的结构

极的电极电势。其他常用参比电极的电极电势如表 7-9 所示，可以根据不同的需要选用。

表 7-9　其他常用参比电极的电极电势

电极	组成	φ/V
银-氯化银电极	$Ag(s)\mid AgCl(s)\mid KCl(0.1\ mol\cdot dm^{-3})$	0.290
汞-氧化汞电极	$Hg(l)\mid HgO(s)\mid KOH\mid KCl(0.1\ mol\cdot dm^{-3})$	0.165
汞-硫酸亚汞电极	$Hg(l)\mid Hg_2SO_4(s)\mid H_2SO_4(1.0\ mol\cdot dm^{-3})$	0.675 8

任务六　电极电势及电池电动势的应用

案例导入

在工业生产中，电极电势可以用来控制化学反应的速度和方向。例如，在镀银工艺中，可以通过调整电极电势来控制镀银的速度，从而获得理想的镀银质量；在医疗设备中，心电图仪和脑电图仪都使用电极来测量人体内电活动的电势差，从而确定健康状况；在锂离子电池中，电极电势的差异可以决定电池的充电速度和放电速度；在环境监测中，可以使用电极测定水中的溶解氧浓度，从而确定水的生态状态；在半导体晶体管的制造过程中，可以通过调整电极电势来控制化学蚀刻过程，从而获得理想的半导体晶体管尺寸和形状。

1. 判断氧化剂和还原剂的相对强弱

电极电势的高低实际上是电对得失电子难易程度的一种表现。电极的电势越高，表明其氧化型越易得到电子，其氧化能力就越强；电极的电势越低，表明其还原型越易失去电子，其还原能力就越强。例如，$\varphi_{Li^+/Li}^{\ominus} = -3.045\ V$，是所有电对中最负的，因此 Li 是所有物质中还原能力最强的，而 Li^+ 的氧化能力最弱，任何物质都无法将 Li^+ 还原为单质；而 $\varphi_{F_2/F^-}^{\ominus} = +2.87\ V$，是所有电对中电势最正的，所以单质氟具有最强的氧化能力，而 F^- 则最难被氧化。实际上，单质氟和单质锂只有通过电化学氧化还原这一最强的氧化还原手段才能获得。

2. 判断氧化还原反应的方向

方法如下。

（1）将所给反应设计成原电池。

（2）写出电极反应和电池反应。

（3）计算出该原电池的电池电动势。

（4）根据电动势进行判断。

根据

$$\Delta_r G_m^{\ominus} = -zEF$$

电动势的计算与应用

$\Delta_r G_m^{\ominus} < 0$，$E > 0$。反应自发正向进行。

$\Delta_r G_m^{\ominus} = 0$，$E = 0$。反应处于平衡状态。

$\Delta_r G_m^{\ominus} > 0$，$E < 0$。反应自发逆向进行。

例如，测量 $Pt(s) \mid Fe^{3+}$，Fe^{2+} 电极的电极电势需设计电池 $Pt(s)$，$H_2(g, p^{\ominus}) \mid H^+(\alpha = 1) \parallel Fe^{2+}$，$Fe^{3+} \mid Pt(s)$，该电池的电池反应为 $2Fe^{3+} + H_2 \rightleftharpoons 2Fe^{2+} + 2H^+$，其反应的吉布斯自由能变化：

$$\Delta_r G_m^{\ominus} = -nF(\varphi_{Fe^{3+}/Fe^{2+}}^{\ominus} - \varphi_{H^+/H_2}^{\ominus}) = -nF\varphi_{Fe^{3+}/Fe^{2+}}^{\ominus} < 0$$

反应自发。

3. 判断反应进行的程度

已知 $\varphi_{Fe^{3+}/Fe^{2+}}^{\ominus} = -0.771\ V$，$\varphi_{I_2/I^-}^{\ominus} = -0.534\ V$。

由于 $\varphi_{Fe^{3+}/Fe^{2+}}^{\ominus} > \varphi_{I_2/I^-}^{\ominus}$，当在 Fe^{3+}，Fe^{2+} 溶液中滴加 KI 的溶液时，会发生反应 $2Fe^{3+} + 2I^- \rightleftharpoons 2Fe^{2+} + I_2$，反应的结果是 Fe^{3+} 的浓度下降，而 Fe^{2+} 的浓度升高。

由于 $\varphi_{Fe^{3+}/Fe^{2+}} = \varphi_{Fe^{3+}/Fe^{2+}}^{\ominus} - \dfrac{RT}{nF}\ln\dfrac{\alpha_{Fe^{2+}}}{\alpha_{Fe^{3+}}}$，所以 $\varphi_{Fe^{3+}/Fe^{2+}}$ 会逐渐减低；I^- 的浓度增加，$\varphi_{I_2/I^-} = \varphi_{I_2/I^-}^{\ominus} - \dfrac{RT}{nF}\ln\dfrac{\alpha_{I^-}}{\alpha_{I_2}}$，而 $\varphi_{I_2/I^-}^{\ominus}$ 会逐渐升高。当 $\varphi_{Fe^{3+}/Fe^{2+}}^{\ominus} = \varphi_{I_2/I^-}^{\ominus}$ 时，电池的电动势为零，反应达到平衡。此时

$$\varphi_{I_2/I^-}^{\ominus} - \dfrac{RT}{nF}\ln\dfrac{\alpha_{I^-}}{\alpha_{I_2}} = \varphi_{Fe^{3+}/Fe^{2+}}^{\ominus} - \dfrac{RT}{nF}\ln\dfrac{\alpha_{Fe^{2+}}}{\alpha_{Fe^{3+}}}$$

故

$$E^{\ominus} = \varphi_{Fe^{3+}/Fe^{2+}}^{\ominus} - \varphi_{I_2/I^-}^{\ominus} - \ln\dfrac{\alpha_{Fe^{2+}}\alpha_{I_2}}{\alpha_{Fe^{3+}}\alpha_{I^-}} = \dfrac{RT}{nF}\ln K^{\ominus}$$

该式显示，可以通过计算或者测量 $E^{\ominus}$ 计算反应的标准平衡常数。

实验证明，通过测量可逆电池的电动势可以测量氧化还原反应的平衡常数、微溶盐的活度积、配合物的稳定常数、弱酸和弱碱的电离常数、水的离子积等。

【实战演练 7 - 8】 试设计可逆电池计算 AgCl 的活度积。

解：AgCl 的活度积实际是 $AgCl = Ag^+ + Cl^-$ 反应的平衡常数。

该反应可设计为 $Ag(s) \mid Ag^+(aq) \parallel Cl^{-1}(aq) \mid AgCl(s) \mid Ag(s)$ 的可逆电池，其标准电池电动势

$$E^{\ominus} = \varphi_{AgCl/Ag}^{\ominus} - \varphi_{Ag^+/Ag}^{\ominus} = (0.222 - 0.799)\ V = -0.577\ V$$

$$\ln K^{\ominus} = \dfrac{nFE^{\ominus}}{RT} = \dfrac{1 \times 96.5 \times 10^3 \times (-0.577)}{8.314 \times 298} = -22.47$$

所以 $K_{sp} = 1.74 \times 10^{-10}$。

 知识拓展

电势法测离子浓度的关键是找到一个电极，其电极电势与所需测离子浓度符合能斯特方程，即电极电势对离子浓度有响应。

1. 溶液 pH 的测定

与 H^+ 浓度存在对应关系的电极的种类很多，比较常用的有三种，分别是氢电极、醌

氢醌电极和玻璃电极。

（1）氢电极的电极反应及其电势关系是

$$2H^+ + 2e^- = H_2$$

$$\varphi_{H^+/H_2} = \varphi^{\ominus}_{H^+/H_2} - \frac{RT}{nF}\ln\alpha(H^+) = 0 - 0.059\ 16pH$$

将氢电极浸入待测溶液中，通过盐桥与饱和甘汞电极组成可逆电池，则对于 25 ℃ 的水溶液，该电池的电动势

$$E = \varphi(SCE) - \varphi(H^+/H_2) = \varphi(SCE) + 0.059\ 16pH$$

只要测出该电池的电动势，就可以计算出 pH。但由于氢电极的维护和使用不便，该方法不常用。

（2）玻璃电极是最常用的测量溶液 pH 的电极。玻璃电极的结构可表示为

$$Ag(s)\ |\ AgCl(s)\ |\ KCl(0.\ 1\ mol\cdot kg^{-1})\ |\ 玻璃膜\ |\ 待测液$$

研究发现，该电极的电势在一定 pH 范围内与待测液的 pH 符合能斯特方程，在 25 ℃ 下有

$$\varphi(GE) = \varphi^{\ominus}(SCE) + 0.059\ 16pH$$

该电极的电势实际上是由于玻璃膜两侧质子化程度不同导致的膜电势。将玻璃电极与另一参比电极（如 SCE）组成电池，该电池的电动势

$$E = \varphi(SCE) - \varphi(GE) = \varphi(SCE) - \varphi^{\ominus}(GE) + 0.059\ 16pH$$

只有已知 $\varphi^{\ominus}(GE)$ 才能通过测量 E 计算溶液的 pH。但不同电极的 $\varphi^{\ominus}(GE)$ 并不相同，即使是同一电极，其 $\varphi^{\ominus}(GE)$ 也往往随时间而改变。因此，在测量时往往先采用已知 pH 的标准缓冲溶液进行标定，而后再进行测量。

采用标准缓冲溶液时：

$$E_s = \varphi(SCE) - \varphi(GE) = \varphi(SCE) - \varphi^{\ominus}(GE) + 0.059\ 16pH_s$$

测量待测液时：

$$E = \varphi(SCE) - \varphi(GE) = \varphi(SCE) - \varphi^{\ominus}(GE) + 0.059\ 16pH$$

由于 $\varphi(SCE)$ 不变，$\varphi(GE)$ 在短时间内也是常数，将上两式相减并整理得：

$$pH = pH_s + \frac{E - E_s}{0.059\ 16}$$

目前一般采用此公式来定义溶液的 pH，称为 pH 的可操作定义。

由于玻璃膜的电阻非常大，可达 $10^9 \sim 10^{12}\ \Omega$，不能用通常的电势计来进行测量，而必须采用高输入阻抗的 pH 计或成酸度计。

玻璃电极维护使用方便，测量精度高，需要的待测液少且不受溶液中氧化性杂质的影响，可以实现连续测量，因此在工业和实验室中广泛应用。

2. 离子浓度的电势法测量

为了像测量 pH 一样测量溶液中其他离子的浓度，人们发展了离子选择性电极技术。离子选择性电极基本是膜电极。以 F 电极为例，可以采用单晶 LaF_3 作为选择性膜。该膜的电势与待测溶液中 F 离子的浓度符合能斯特方程。

采用离子选择性电极测量溶液中的离子浓度需要采用离子计，其原理与采用玻璃电极测量溶液的 pH 完全相同。采用离子选择性电极测量溶液中的离子浓度方法简便易行、精

确度高、干扰少，应用非常广泛。

基于选择性电极的原理人们还建立了一系列基于电势测量浓度的方法，所建立的电极也称电化学传感器。感兴趣的读者可以参考相关专著，此处不再赘述。

3. 电势滴定

电势滴定是另一种常用的测量溶液中离子浓度的方法。测量时在还有待测离子的溶液中放入一个对该离子可逆的电极和一个参比电极组成电池。当加入滴定液时，电池电动势随溶液中的离子浓度的改变而发生变化，记录电极电势对加入滴定液体积的关系曲线，即可监控整个滴定过程。

滴定曲线斜率变化最大处就是滴定终点。为了提高精确度，可以将电势的变化率 $(\Delta E/\Delta V)$ 对加入碱溶液的体积作图而得到微分曲线。微分曲线上 $(\Delta E/\Delta V)$ 变化的最大点所对应的溶液体积就是滴定终点。

除了酸碱滴定外，电势滴定还适用于沉淀滴定、配合滴定、氧化还原滴定等多种滴定。特别是当没有合适的指示剂或者溶液有颜色，指示剂变色难以观察时，电势滴定的优势就更加明显。

 素质拓展训练

选择题

（1）已知 25 ℃时，$E^{\ominus}(Fe^{3+} \mid Fe^{2+}) = 0.77V$，$E^{\ominus}(Sn^{4+} \mid Sn^{2+}) = 0.15$ V。今有一电池，其电池反应为 $2Fe^{3+} + Sn^{2+} = Sn^{4+} + 2Fe^{2+}$，则该电池的标准电动势 $E^{\ominus}(298\ K)$ 为（ ）。

A. 1.39 V   B. 0.62 V   C. 0.92 V   D. 1.07 V

（2）298K 时，下列两电极反应及其对应的标准电极电势为

$$Fe^{3+} + 3e^- \longrightarrow Fe, \quad E^{\ominus}(Fe^{3+}/Fe) = -0.036V$$
$$Fe^{2+} + 2e^- \longrightarrow Fe, \quad E^{\ominus}(Fe^{2+}/Fe) = -0.439V$$

则反应 $Fe^{3+} + e^- \longrightarrow Fe^{2+}$ 的 $E^{\ominus}(Pt/Fe^{3+}, Fe^{2+})$ 等于（ ）。

A. 0.184 V   B. 0.352 V   C. -0.184 V   D. 0.770 V

附录 A 物质的标准摩尔生成焓、标准摩尔生成吉布斯函数、标准摩尔熵和标准摩尔热容(100 kPa,298.15 K)

单质和无机化合物、有机化合物的标准摩尔生成焓、标准摩尔生成吉布斯函数、标准摩尔熵和标准摩尔热容(100 kPa,298.15 K)如表 A-1、表 A-2 所示。

A.1 单质和无机化合物

表 A-1 单质和无机化合物的标准摩尔生成焓、标准摩尔生成吉布斯函数、
标准摩尔熵和标准摩尔热容(100 kPa,298.15 K)

物质	$\Delta_f H_m^\ominus/(kJ \cdot mol^{-1})$	$\Delta_f G_m^\ominus/(kJ \cdot mol^{-1})$	$S_m^\ominus/(J \cdot K^{-1} \cdot mol^{-1})$	$C_{p,m}^\ominus/(J \cdot K^{-1} \cdot mol^{-1})$
Ag(s)	0.0	0.0	42.61	25.48
Ag(g)	284.9	246.0	173.0	20.8
AgBr(s)	-100.4	-96.9	107.1	52.4
AgCl(s)	-127.0	-109.8	96.3	50.8
AgF(s)	-204.6			
AgI(s)	-61.8	-66.2	115.5	56.8
Ag$_2$O(s)	-31.1	-11.2	121.3	65.9
Ag$_2$CO$_3$(s)	-506.14	-437.09	167.36	
Al(s)	0.0	0.0	28.31	24.4
AlCl$_3$(s)	-704.2	-628.8	109.3	91.1
Al$_2$O$_3$	-1 675.7	-1 582.3	50.9	79.0
Au	0.0	0.0	47.4	25.4
B	0.0	0.0	5.9	11.1
Br(g)	111.9	82.4	175.0	20.8
Br$_2$(l)	0.0	0.0	152.2	75.7
Br$_2$(g)	30.9	3.1	245.5	36.0
C(s)(石墨)	0.0	0.0	5.7	8.5
C(g)(石墨)	716.7	671.3	158.1	20.8
C(s)(金刚石)	1.9	2.9	2.4	6.1
CO(g)	-110.5	-137.2	197.7	29.1
CO$_2$(g)	-393.5	-394.4	213.8	37.1
Ca(s)	0.0	0.0	41.6	25.9

物质	$\Delta_f H_m^\ominus/(kJ \cdot mol^{-1})$	$\Delta_f G_m^\ominus/(kJ \cdot mol^{-1})$	$S_m^\ominus/(J \cdot K^{-1} \cdot mol^{-1})$	$C_{p,m}^\ominus/(J \cdot K^{-1} \cdot mol^{-1})$
Ca(g)	177. 8	144. 0	154. 9	20. 8
CaCl$_2$	−795. 4	−748. 8	108. 4	72. 9
CaO(s)	−634. 9	−603. 3	38. 1	42. 0
CaS(s)	−482. 4	−477. 4	56. 5	47. 4
Ca(OH)$_2$(s)	−986. 5	−896. 89	76. 1	84. 5
CaSO$_4$(硬石膏)	−1 432. 68	−1 320. 24	106. 7	97. 65
Cd(s)	0. 0	0. 0	51. 8	26. 0
Cd(g)	111. 8		167. 7	20. 8
CdCl$_2$(s)	−391. 5	−343. 9	115. 3	74. 7
CdO(s)	−258. 4	−228. 7	54. 8	43. 4
Cl(atomic)	121. 3	105. 3	165. 2	21. 8
Cl$_2$(g)	0. 0	0. 0	223. 1	33. 9
Cr(s)	0. 0	0. 0	23. 8	23. 4
Cr(g)	396. 6	351. 8	174. 5	20. 8
Cr$_3$O$_4$(s)	−1 531. 0			
Cu(s)	0. 0	0. 0	33. 2	24. 4
Cu(g)	337. 4	297. 7	166. 4	20. 8
CuO(s)	−157. 3	−129. 7	42. 6	42. 3
CuSO$_4$(s)	−771. 4	−662. 2	109. 2	
Cu$_2$O(s)	−168. 6	−146. 0	93. 1	63. 6
F(atomic)	79. 4	62. 3	158. 8	22. 7
F$_2$(g)	0. 0	0. 0	202. 8	31. 3
Fe(s)	0. 0	0. 0	27. 3	25. 1
Fe(g)	416. 3	370. 7	180. 5	25. 7
FeO(s)	−272. 0			
FeSO$_4$(s)	−928. 4	−820. 8	107. 5	100. 6
FeS(s)	−100. 0	−100. 4	60. 3	50. 5
Fe$_2$O$_3$(s)	−824. 2	−742. 2	87. 4	103. 9
Fe$_3$O$_4$(s)	−1 118. 4	−1 015. 4	146. 4	143. 4
FeCO$_3$(s)	−747. 68	−673. 84	92. 8	82. 13
H(atomic)	218. 0	203. 3	114. 7	20. 8

物质	$\Delta_f H_m^{\ominus}/(kJ \cdot mol^{-1})$	$\Delta_f G_m^{\ominus}/(kJ \cdot mol^{-1})$	$S_m^{\ominus}/(J \cdot K^{-1} \cdot mol^{-1})$	$C_{p,m}^{\ominus}/(J \cdot K^{-1} \cdot mol^{-1})$
$H_2(g)$	0.0	0.0	130.7	28.8
$HI(g)$	26.5	1.7	206.6	29.2
$HCl(g)$	-92.311	-95.265	186.786	29.12
$HBr(g)$	-36.24	-53.22	198.60	29.12
$HNO_3(l)$	-174.1	-80.7	155.6	109.9
$H_2O(l)$	-285.8	-237.1	70.0	75.3
$H_2O(g)$	-241.8	-228.6	188.8	33.6
$H_2O_2(l)$	-187.8	-120.4	109.6	89.1
$H_2O_2(g)$	-136.3	-105.6	232.7	43.1
$H_2SO_4(l)$	-814.0	-690.0	156.9	138.9
$H_2S(g)$	-20.6	-33.4	205.8	34.2
$Hg(l)$	0.0	0.0	75.9	28.0
$Hg(g)$	61.4	31.8	175.0	20.8
$HgO(s)$	-90.8	-58.5	70.3	44.1
$HgSO_4(s)$	-707.5			
$HgS(s)$	-58.2	-50.6	82.4	48.4
$I(atomic)$	106.8	70.2	180.8	20.8
$I_2(s)$	0.0	0.0	116.1	54.4
$I_2(g)$	62.4	19.3	260.7	36.9
$KI(s)$	-327.9	-324.9	106.3	52.9
$KIO_3(s)$	-501.4	-418.4	151.5	106.5
$K(s)$	0.0	0.0	64.7	29.6
$K(g)$	89.0	60.5	160.3	20.8
$KMnO_4(s)$	-837.2	-737.6	171.7	117.6
$KNO_3(s)$	-494.6	-394.9	133.1	96.4
$K_2SO_4(s)$	-1 437.8	-1 321.4	175.6	131.5
$Mg(s)$	0.0	0.0	32.7	24.9
$Mg(g)$	147.1	112.5	148.6	20.8
$MgO(s)$	-601.6	-569.3	27.0	37.2
$MgSO_4(s)$	-1 284.9	-1 170.6	91.6	96.5
$Mn(s)$	0.0	0.0	32.0	26.3

物质	$\Delta_f H_m^\ominus/(kJ \cdot mol^{-1})$	$\Delta_f G_m^\ominus/(kJ \cdot mol^{-1})$	$S_m^\ominus/(J \cdot K^{-1} \cdot mol^{-1})$	$C_{p,m}^\ominus/(J \cdot K^{-1} \cdot mol^{-1})$
Mn(g)	280.7	238.5	173.7	20.8
$MnO_2(s)$	−520.0	−465.1	53.1	54.1
N(atomic)	472.7	455.5	153.3	20.8
$N_2(g)$	0.0		191.6	29.1
NO(g)	89.86	90.37	210.309	29.861
$NO_2(g)$	33.85	51.86	240.57	37.90
$N_2O_3(g)$	86.6	142.4	314.7	72.7
$NH_3(g)$	−46.19	−16.603	192.61	35.65
Na(s)	0.0	0.0	51.3	28.2
Na(g)	107.5	77.0	153.7	20.8
$Na_2SO_4(s)$	−1 387.1	−1 270.2	149.6	128.2
NaCl(s)	−411.0	−384.0	72.38	
$NaHCO_3(s)$	−947.7	−851.8	102	
$Na_2CO_3(s)$	−1 131	−1 048	136	
$Na_2O(s)$	−416	−377	72.8	
NaOH(s)	−426.73	−379.1		
$Na_2S(s)$	−364.8	−349.8	83.7	
O(atomic)	249.2	231.7	161.1	21.9
$O_2(g)$	0.0	0.0	205.2	29.4
$SO_2(g)$	−296.8	−300.1	248.2	39.9
$O_3(g)$	142.7	163.2	238.9	39.2
P(s)(白磷)	0.0	0.0	41.1	23.8
P(g)(白磷)	316.5	280.1	163.2	20.8
P(s)(红磷)	−17.6		22.8	21.2
S(s)(斜方)	0.0	0.0	32.1	22.6
S(s)(单斜)	0.3	0.096	32.55	23.64
S(g)	222.80	182.27	167.825	23.7
$SO_3(g)$	−395.18	−370.4	256.34	50.70
$SO_4^{2-}(aq)$	−907.51	−741.90	17.2	
Zn(s)	0.0	0.0	41.6	25.4

A.2 有机化合物

表 A – 2　有机化合物的标准摩尔生成焓、标准摩尔生成吉布斯函数、
标准摩尔熵和标准摩尔热容(100 kPa，298.15 K)

物质	$\Delta_f H_m^\ominus /$ $(kJ \cdot mol^{-1})$	$\Delta_f G_m^\ominus /$ $(kJ \cdot mol^{-1})$	$S_m^\ominus /$ $(J \cdot K^{-1} \cdot mol^{-1})$	$C_{p,m}^\ominus /$ $(J \cdot K^{-1} \cdot mol^{-1})$
$CH_4(g)$(甲烷)	– 74.6	– 50.5	186.3	35.7
$C_2H_2(g)$(乙炔)	227.4	209.9	200.9	44.0
$C_2H_4(g)$(乙烯)	52.4	68.4	219.3	42.9
$C_2H_6(g)$(乙烷)	– 84.0	– 32.0	229.2	52.5
$C_3H_6(g)$(丙烯)	20.0			
$C_3H_6(g)$(环丙烷)	53.3	104.5	237.5	55.6
$C_3H_8(g)$(丙烷)	– 103.8	– 23.4	270.3	73.6
$C_4H_6(g)$(1，2 – 丁二烯)	162.3			
$C_4H_6(l)$(1，3 – 丁二烯)	88.5		199.0	123.6
$C_4H_6(l)$(1 – 丁炔)	141.4			
$C_4H_6(l)$(2 – 丁炔)	119.1			
$C_4H_6(g)$(环丁烯)	156.7			
$C_4H_8(l)$(1 – 丁烯)	– 20.8		227.0	118
$C_4H_8(l)$(异丁烯)	– 37.5			
$C_4H_8(l)$(环丁烷)	3.7			
$C_4H_8(l)$(甲基环丙烷)	1.7			
$C_4H_{10}(g)$(丁烷)	– 125.7	– 17.02	310.23	97.45
$C_4H_{10}(g)$(异丁烷)	– 134.2	– 20.79	294.75	96.82
$C_5H_{10}(l)$(戊烯)	– 46.9		262.6	154.0
$C_5H_{10}(l)$(顺 – 2 – 戊烯)	– 53.7		258.6	151.7
$C_5H_{10}(l)$(反 – 2 – 戊烯)	– 58.2		256.5	157.0
$C_5H_{10}(l)$(环戊烷)	– 105.1		204.5	128.8
$C_5H_{12}(l)$(戊烷)	– 173.5			167.2
$C_5H_{12}(l)$(异戊烷)	– 178.4		260.4	164.8
$C_5H_{12}(l)$(新戊烷)	– 190.2			
$C_6H_6(l)$(苯)	49.1	124.5	173.4	136.0
$C_6H_6(g)$(苯)	82.9	129.7	269.2	82.4
$CH_4O(l)$(甲醇)	– 239.2	– 166.6	126.8	81.1
$CH_4O(g)$(甲醇)	– 201.0	– 162.3	239.9	44.1
$C_2H_6O(l)$(乙醇)	– 277.6	– 174.8	160.7	112.3

物质	$\Delta_f H_m^\ominus /$ $(kJ \cdot mol^{-1})$	$\Delta_f G_m^\ominus /$ $(kJ \cdot mol^{-1})$	$S_m^\ominus /$ $(J \cdot K^{-1} \cdot mol^{-1})$	$C_{p,m}^\ominus /$ $(J \cdot K^{-1} \cdot mol^{-1})$
$C_2H_6O(g)$（乙醇）	-234.8	-167.9	281.6	65.6
$C_3H_8O(l)$（1-丙醇）	-302.6		193.6	143.9
$C_3H_8O(g)$（1-丙醇）	-255.1		322.6	85.6
$C_3H_8O(l)$（2-丙醇）	-318.1		181.1	156.5
$C_3H_8O(g)$（2-丙醇）	-272.6		309.2	89.3
$C_4H_{10}O(l)$（1-丁醇）	-327.3	-163.0	225.8	177.2
$C_4H_{10}O(g)$（1-丁醇）	-274.7	-151.0	363.7	110.0
$C_4H_{10}O(l)$（2-丁醇）	-342.6		214.9	196.9
$C_4H_{10}O(g)$（2-丁醇）	-292.8		359.5	112.7
$CH_2O(g)$（甲醛）	-108.6	-102.5	218.8	35.4
$C_2H_4O(l)$（乙醛）	-192.2	-127.6	160.2	89.0
$C_2H_4O(g)$（乙醛）	-166.2	-133.0	263.8	55.3
$C_3H_6O(l)$（丙醛）	-248.4	-155.6	199.8	126.3
$C_3H_6O(g)$（丙醛）	-217.1	-152.7	295.3	74.5
$C_2H_2O(l)$（乙烯酮）	-425.0	-361.4	129.0	99.0
$C_2H_4O_2(l)$（乙酸）	-484.3	-389.9	159.8	123.3
$C_2H_4O_2(g)$（乙酸）	-432.2	-374.2	283.5	63.4
$C_3H_6O_2(l)$（丙酸）	-510.7		191.0	152.8
$C_2H_4O(l)$（环氧乙烷）	-78.0	-11.8	153.9	88.0
$C_2H_4O(g)$（环氧乙烷）	-52.6	-13.0	242.5	47.9
$C_2H_6O(g)$（二甲醚）	-184.1	-112.6	266.4	64.4
$CH_3Cl(g)$（氯甲烷）	-81.9		234.6	40.8
$CH_2Cl_2(l)$（二氯甲烷）	-124.2		177.8	101.2
$CH_2Cl_2(g)$（二氯甲烷）	-95.4		270.2	51.0
$CHCl_3(l)$（氯仿）	-134.1	-73.7	201.7	114.2
$CHCl_3(g)$（氯仿）	-102.7	6.0	295.7	65.7
$CCl_4(l)$（四氯化碳）	-128.2	-68.5	214.43	130.7
$CH_3Br(g)$（溴甲烷）	-35.4	-26.3	246.4	42.4
$CH_3I(g)$（碘甲烷）	14.4		254.1	44.1
$C_6H_5Cl(l)$（氯苯）	11.1			150.1
$C_6H_6O(s)$（苯酚）	-165.1		144.0	127.4
$C_6H_7N(g)$（苯胺）	87.5	-7.0	317.9	107.9

附录 B　某些有机化合物的标准摩尔燃烧焓(298.15 K)

某些有机化合物的标准摩尔燃烧焓(298.15 K)如表 B-1 所示。

表 B-1　某些有机化合物的标准摩尔燃烧焓(298.15 K)

物质	$\Delta_c H_m^{\ominus}/$ $(kJ \cdot mol^{-1})$	物质	$\Delta_c H_m^{\ominus}/$ $(kJ \cdot mol^{-1})$	物质	$\Delta_c H_m^{\ominus}/$ $(kJ \cdot mol^{-1})$
CH_4(甲烷)	-890.8	C_6H_{12}(己烷)	-3 919.6	CH_2O_2(甲酸)	-254.6
C_2H_2(乙炔)	-1 301.1	CH_4O(甲醇)	-726.1	$C_2H_4O_2$(乙酸)	-874.2
C_2H_4(乙烯)	-1 411.2	C_2H_6O(乙醇)	-1 366.8	$C_2H_4O_2$(甲酸甲酯)	-972.6
C_2H_6(乙烷)	-1 560.7	C_2H_6O(二甲醚)	-1 460.4	$C_3H_6O_2$(乙酸甲酯)	-1 592.2
C_3H_6(丙烯)	-2 058.0	$C_3H_8O_3$(丙三醇)	-1 655.4	$C_4H_8O_2$(乙酸乙酯)	-2 238.1
C_3H_6(环丙烷)	-2 091.3	C_6H_6O(苯酚)	-3 053.5	CHN(氰化氢)	-671.5
C_3H_8(丙烷)	-2 219.2	CH_2O(甲醛)	-570.7	CH_3NO_2(硝基甲烷)	-709.2
C_4H_{10}(丁烷)	-2 877.6	C_2H_2O(乙烯酮)	-1 025.4	CH_5N(甲胺)	-1 085.6
C_5H_{12}(戊烷)	-3 509.0	C_2H_4O(乙醛)	-1 166.9	C_2H_3N(乙腈)	-1 247.2
C_6H_6(苯)	-3 267.6	C_3H_6O(丙酮)	-1 789.9	C_3H_9N(三甲胺)	-2 443.1

附录 C 某些气体自 298.15 K 至某温度的平均摩尔定压热容 $\overline{C}_{p,\mathrm{m}}$

某些气体自 298.15 K 至某温度的平均摩尔定压热容 $\overline{C}_{p,\mathrm{m}}$ 如表 C-1 所示。

表 C-1 某些气体自 298.15 K 至某温度的平均摩尔定压热容 $\overline{C}_{p,\mathrm{m}}$

单位：$J \cdot K^{-1} \cdot mol^{-1}$

气体温度/℃	气体								
	O_2	N_2	CO	CO_2	H_2O	SO_2	H_2	CH_4	空气
0	29.27	29.12	29.12	35.86	33.50	33.85	28.73	34.65	29.07
25	29.36	29.12	29.14	37.17	33.57	39.92	28.84	35.77	29.17
100	29.54	29.14	29.18	38.11	33.74	40.65	28.97	37.57	29.15
200	29.93	29.23	29.30	40.06	34.12	42.33	29.11	40.25	29.30
300	30.40	29.38	29.52	41.76	34.58	43.88	29.16	43.05	29.52
400	30.88	29.60	29.79	43.25	35.09	45.22	29.21	45.90	29.79
500	31.33	29.86	30.10	44.57	35.63	46.39	29.27	48.74	30.10
600	31.76	30.15	30.43	45.75	36.20	47.35	29.33	51.34	30.41
700	32.15	30.45	30.75	46.81	36.79	48.23	29.42	53.97	30.72
800	32.50	30.75	31.07	47.76	37.39	48.94	29.54	56.40	31.03
900	32.83	31.04	31.38	48.62	38.01	49.61	29.61	59.58	31.32
1 000	33.12	31.31	31.67	49.39	38.62	50.15	29.82	60.92	31.51
1 100	33.39	31.58	31.94	50.10	39.23	50.66	30.11	62.93	31.86
1 200	33.63	31.83	32.19	50.74	39.29	51.08	30.16	64.81	32.11
1 300	33.86	32.07	32.43	51.32	40.41	51.62			32.34
1 400	34.08	32.29	32.65	51.86	40.98	51.96			32.57
1 500	34.28	32.50	32.86	52.35	41.53	52.25			32.77

附录 D　某些气体物质的摩尔定压热容与温度的关系

$$C_{p,\mathrm{m}} = a + bT + cT^2 + dT^3$$

某些气体物质的摩尔定压热容与温度的关系 $C_{p,\mathrm{m}} = a + bT + cT^2 + dT^3$ 如表 D−1 所示。

表 D−1　某些气体物质的摩尔定压热容与温度的关系 $C_{p,\mathrm{m}} = a + bT + cT^2 + dT^3$

气体	$a/(\mathrm{J \cdot K^{-1} \cdot mol^{-1}})$	$b/(\times 10^3\ \mathrm{J \cdot K^{-2} \cdot mol^{-1}})$	$c/(\times 10^6\ \mathrm{J \cdot K^{-3} \cdot mol^{-1}})$	$d/(\times 10^9\ \mathrm{J \cdot K^{-4} \cdot mol^{-1}})$	温度范围/K
H_2	26.88	4.347	−0.326 5		273 ~ 3 800
F_2	24.433	29.071	−23.759	6.655 9	273 ~ 1 500
Cl_2	31.696	10.144	−4.038		300 ~ 1 500
Br_2	35.241	4.075	−1.487		300 ~ 1 500
O_2	28.17	6.297	−0.749 4		273 ~ 3 800
N_2	27.32	6.226	−0.950 2		273 ~ 3 800
HCl	28.17	1.810	1.547		300 ~ 1 500
H_2O	29.16	14.49	−2.022		273 ~ 3 800
H_2S	26.71	23.87	−5.063		298 ~ 1 500
NH_3	27.550	25.627	9.900 6	−6.686 5	273 ~ 1 500
SO_2	25.76	57.91	−38.09	8.606	273 ~ 1 800
CO	26.537	7.683 1	−1.172		300 ~ 1 500
CO_2	26.75	42.258	−14.25		300 ~ 1 500
CS_2	30.92	62.30	−45.86	11.55	273 ~ 1 800
CCl_4	38.86	213.3	−239.7	94.43	273 ~ 1 100
CH_4	14.15	75.496	−17.99		298 ~ 1 500
C_2H_6	9.401	159.83	−46.229		298 ~ 1 500
C_3H_8	10.08	239.30	−73.358		298 ~ 1 500
C_4H_{10}	18.63	302.38	−92.943		298 ~ 1 500
C_5H_{12}	24.72	370.07	−114.59		298 ~ 1 500
C_2H_4	11.84	119.67	−36.51		298 ~ 1 500
C_3H_6	9.427	188.7	−57.488		298 ~ 1 500
C_4H_8(1 − 丁烯)	21.47	258.40	−80.843		298 ~ 1 500
C_4H_8(2 − 丁烯)	6.799	271.27	−83.877		298 ~ 1 500
C_2H_2	30.67	52.810	−16.27		298 ~ 1 500
C_3H_4	26.50	120.66	−39.57		298 ~ 1 500

气体	$a/(\text{J} \cdot \text{K}^{-1} \cdot \text{mol}^{-1})$	$b/(\times 10^3 \text{J} \cdot \text{K}^{-2} \cdot \text{mol}^{-1})$	$c/(\times 10^6 \text{J} \cdot \text{K}^{-3} \cdot \text{mol}^{-1})$	$d/(\times 10^9 \text{J} \cdot \text{K}^{-4} \cdot \text{mol}^{-1})$	温度范围/K
C_4H_6(1-丁炔)	12.541	274.170	-154.394		298~1 500
C_4H_6(2-丁炔)	23.85	201.70	-60.580		298~1 500
C_6H_6	-1.71	324.77	-110.58		298~1 500
$C_6H_5CH_3$	2.41	391.17	-130.65		298~1 500
CH_3OH	18.40	101.56	-28.68		273~1 000
C_2H_5OH	29.25	166.28	-48.898		298~1 500
C_3H_7OH	16.714	270.52	-87.384 1	-5.932 32	273~1 000
C_4H_9OH	14.673 9	360.174	-132.970	1.476 81	273~1 000
$(C_2H_5)_2O$	-103.9	1417	-248		300~400
HCHO	18.82	58.379	-15.61		291~1 500
CH_3CHO	31.05	121.46	-36.58		298~1 500
$(CH_3)_2CO$	22.47	205.97	-63.521		298~1 500
HCOOH	30.7	89.20	-34.54		300~700
CH_3COOH	8.540 4	234.573	-142.624	33.557	300~1 500
$CHCl_3$	29.51	148.94	-90.734		273~773